編著者
浅川 礼子

痙攣性発声障害のためのボイストレーニング

～一人で出来る 舌根弛緩止気発声法®～

（ぜっこんしかんしきはっせいほう）

三恵社

■本をご購入いただいた方への特典

本をご購入いただいた方は「発声治療室レイクラブ」公式ホームページhttp://www.reivoitre.jp　内のメールフォーマットに基本項目をご記入し備考欄に「本購入者」と記載して登録することをお勧めします。

登録者は、購入後の１年間有効で「本購入者アフターサービス」といたしまして「マンツーマン対面レッスン１時間を無償（**要予約**）」で行います（東京都中野区のレイクラブまでの交通費は各自負担願います）。

本をご購入いただいた登録者の方は、「発声治療室レイクラブ」に入会されたこととし、入会金無料となります。

また、地方での集中レッスン開催時についても入会金は無料になり、レッスン料のみで優先的に予約できます。

はじめに

発声障害の改善にとってむやみに発声練習することはむしろ弊害になる。的を得たボイストレーニングを正確に行わなければ効果は出にくい。これから紹介するボイストレーニングメソッドの焦点は、発声障害の根本原因になっている舌、喉頭、下顎等の力みを解放し、発声器官やその位置関係に力をかけさせないことにある。そして声を出す瞬間に、自動的に起こる身体の力みの連動性を断ち切ることにある。現在の習慣になっている自分の発声の仕方を見直し、いったん全て手放すつもりがなければ、発声器官が強固に形成してしまった二次的な運動回路の習慣性からは抜け出せない。

一度形成された「発声の悪習慣」は一朝一夕には矯正できないが、正しい発声に戻れないと決めてかかることもない。実際全てのケースがそうとは言えないが、重度レベルの発声障害の症状が出ていても、発症以前と変わらないレベルにまで回復できる例も多くみられる。発声機能自体は無くなったわけではないのである。ほとんどの場合ファイバースコープ等で検査してみても声帯自体には声帯ポリープや声帯結節などが無く、ＣＴやＭＲＩの検査をしても脳やその他の神経系統は全く正常である。だから、「治らない病気」と自分で決めつけて、あきらめてはいけない。強固に形成された発声の癖を矯正するためにはまず「発声の仕組み」を知り、「発声の悪習慣」を理解し、気付くことからすべては始まる。そして「発声の再学習」を行いながら、どれだけ正しい方向性で負担のない発声を習慣づけできるかである。この意識を高め、行動に移せるほど回復は早い。日々のシーンを意識して行動する。ある意味、認知行動療法的側面が欠かせない。

これから紹介する方法は、ここ発声治療室レイクラブを訪れた、発声で悩める多くの生徒達との訓練の時間の中でおのずと生まれ、結晶化されてきたものである。私はいつも「もっと早く、もっと簡単に発声障害を改善できる方法はないか」と考えているが、今のところこれから紹介する方法がレッスンの初級段階のベースになっている。

メソッドの方向性は言ってしまえば、とにかく発声時に「力を抜くこと」なのである。そして「どのように力を抜くか」を示したのがこの本の内容である。発声障害の改善の最大の重要ポイントは、大きな手足の筋肉とは違い、随意的に入れる力は必要ないという事である。脳神経の運動性の特徴でもあるが、発声は「動かす」ことが弊害になる。むしろ繊細な感覚であるので「やろう」としないことが秘訣である。「やろう」としすぎると大きく動きすぎてしまい、身体内部感覚が感じ取れない。落ち着いて自分の発声器官の動きを感じながら、焦らず、客観的に行う事が重要である。最初は感覚的に分からなくても、繰り返し行うことで「ああ､こういうことか」と理解できる時が来る。文字通りに読むのではなく、この本をヒントに、「発声を感じる」発見をしていってほしい。

発声治療室レイクラブ代表　言語聴覚士

浅川礼子

目　次

第3章　舌の構造

第4章　舌の体操

第5章　舌引き・舌奥上がりの「ん」

第6章　母音

第7章　舌根弛緩止気発声法（ぜっこんしかんしきはっせいほう）

第8章　息と声帯の運動分離

第9章　子音付加（構音）

第10章　音韻連続

第1章
発声障害とは何か

1−1　発声の「コントロール」を長期化したことが原因

「意識して声を出す」絶対時間が長かったことと発声障害の発症には因果関係がある。しかし声を酷使している人全てに起こるかと言えばそうではない。要は「発声の仕方」の問題である。

主に**高めの声、または低い声、大きめの声、声色を加えた声を出す際**に、知らず知らずのうちに発声器官に負荷をかけながら発声していたのである。もし声帯という器官だけに負担をかけたとすれば、声帯ポリープや声帯結節となっている。しかし発声障害は、声帯そのものにはポリープや結節がない。むしろ「発声障害」とは、声帯とは別の発声器官、すなわち舌や咽頭や喉頭や呼吸器官などが発声と同時に強く作動するような運動回路が二次的にできあがり、声帯開閉運動にまで影響を及ぼすようになった現象である。

風邪を引いた時や、身体がひどく疲れた時などは、声帯の粘膜そのものがむくみ、声がかすれることもある。花粉症の時期にのどや鼻の粘膜がうっ滞したときなども声は出にくくなる。声帯結節や声帯ポリープによる声のかすれは、**声帯の粘膜そのものの器質的な変化による声の出にくさ**なのであるが、「発声障害」は声帯そのものには異常が無く、綺麗である。むしろ生理的に機能していた声帯の開閉運動に、他の部位との二次的な連携回路が形成されたことに問題があるのである。

「発声」に、何らかの強い力が入り込んだ状態で声を出す習慣ができた。その何らかの力とは主に「舌の力み」である。そして「舌の力み」は感覚的に自覚しにくいところがこの障害を難解なものにしている。この「舌の力み」がなぜ声帯を強く閉めてしまう事になるかはのちほど、説明することとする。さらにこの「舌の力み」が元となって発声時に**「下**

顎」、「喉頭」「咽頭」「呼吸」などに力みが入り込むようになる。こうして発声にいくつもの力が加わった二次的な連携回路が形成されるのが発声障害である。

1−2　発声障害とは、発声時の「力みの連鎖」による非効率さのこと

発声とは、「発声の３つの要素」の実に精妙な身体の機能性の総合的バランスの上に成り立ち、「発話」という高位のレベルが保たれている。

＜発声を構成する三要素＞（図 1）

1. **呼気調節**　息を長く持たせること、すなわち「呼気持続」。声の原動力。主な器官は肺、横隔膜
2. **声帯振動**　喉頭（のど仏）内で声帯が閉鎖し振動すること。声そのもの（肉声）。
   言語としての母音 aiueo　主な器官は声帯
3. **構音**　子音（k,t,s,m,n,l 等）を母音に付加することを構音と言う。主な構音器官は舌、軟口蓋（俗にいうのどちんこ）、口唇等で、気流の雑音を作る。

発声時にある発声器官に加えられる力みの習慣により、三要素のうちの一つの要素の力が増大すると、それにバランスを合わせるように他の要素も増大する。ある一定の許容範囲なら発声の制御は保たれているが長期間に渡ると発声器官の位置関係や可動範囲等に歪みができてくる。すると３要素のバランスがとりづらくなり発声は非常に不安定になる。はじめは特定のことばや特定の場面のみに声の不安定さが表れるが**「力みの連鎖」**は増大してゆくため頻繁に起こるようになる。

図1　発声の3要素

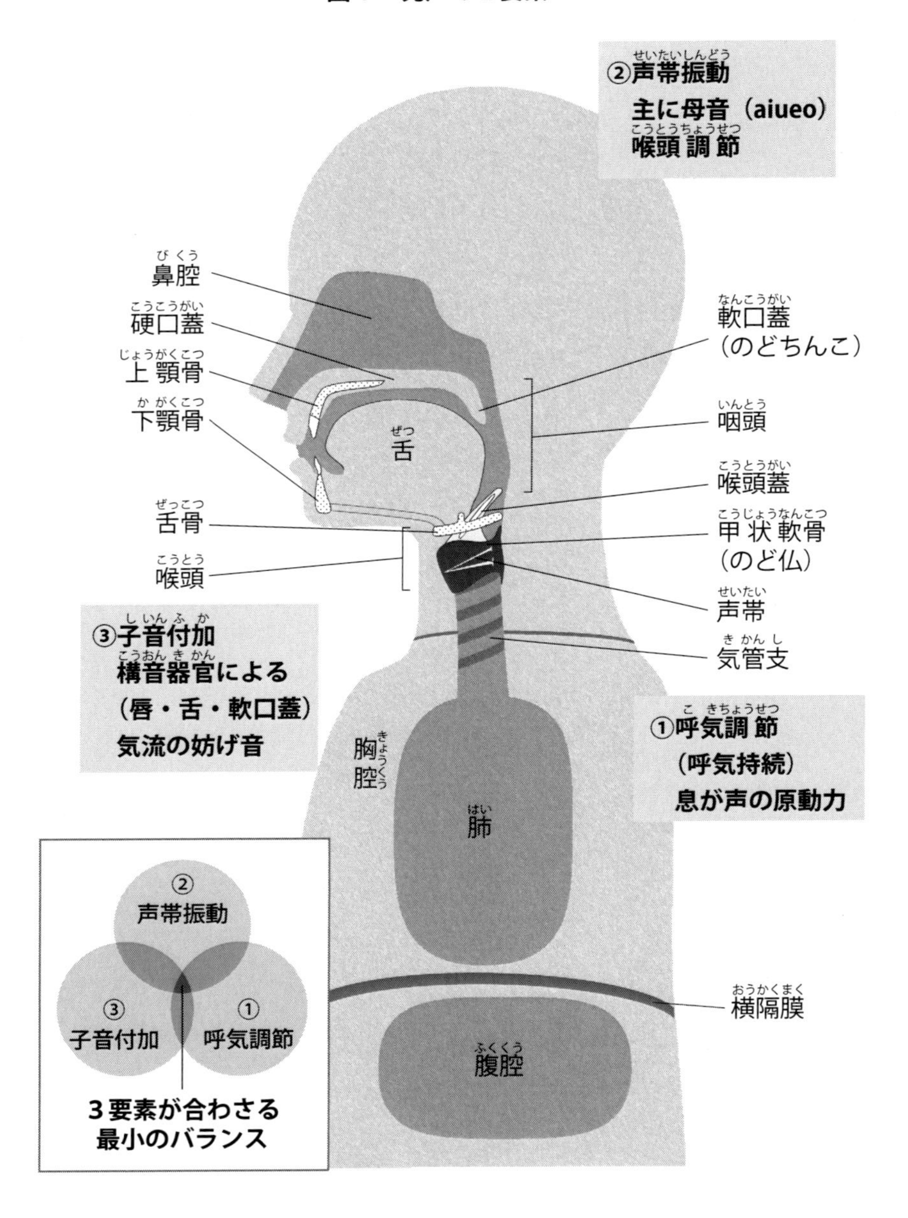
②声帯振動
主に母音（aiueo）
喉頭調節
鼻腔
硬口蓋
上顎骨
下顎骨
舌
軟口蓋
（のどちんこ）
咽頭
喉頭蓋
舌骨
甲状軟骨
（のど仏）
喉頭
声帯
気管支
③子音付加
構音器官による
（唇・舌・軟口蓋）
気流の妨げ音
胸腔
①呼気調節
（呼気持続）
息が声の原動力
肺
②
声帯振動
③
子音付加
①
呼気調節
3要素が合わさる
最小のバランス
横隔膜
腹腔

声帯が呼気を音響に変換する効率性を、呼気変換率（こきへんかんりつ）と言う。この呼気変換率が本来のレベルよりわずかでも落ちるだけでも発声のしづらさが生じる。発声時の力みによりいびつな声帯の合わせ方になると呼気変換率が低下し、声帯間にわずかに息漏れを生じるからである。声が裏返る、声が震える、息が続かないといった症状が起こる。このように①呼気調節と②声帯振動との関係が崩れてくる。呼気変換率が下がると無意識に安定した声にしようとさらに声帯を強く閉めるため②声帯振動（母音）が増大し③構音（子音付加）の段階でも力みは増大せざるを得なくなる。この逆のパターンもある。もともと舌の力みがあると③構音の増大から②声帯振動、③呼気調節と力みが増大するパターンも多い。

主な構音器官である舌、下顎だけでなく軟口蓋に力みが入ると発話時に、額が揺れる、眼瞼が引きつる、鼻がピクピクする、口周りや顎回りがこわばる、首裏や頚部、咬筋、こめかみが力むなどの症状を伴うこともある。このように身体的な**「力みの連鎖」**は拡大してゆく。

発声障害とはこの「発声の３要素」全てが増大し頑張っている割には効率性が下がっているということである。このメソッドが目指すことは、**発声の３要素が最小限で機能し重なり合う一致点**に戻すことにある（図1）。

1－3　発声障害を起こす最大の原因は「舌の力み」

これまでの臨床の中で、実に様々な発声障害の症状を見てきたが、根本原因として挙げられるのは「**舌の力み**」である。この「舌の力み」と言うものがほとんど無意識で起こり、力んでいるという感覚が自覚しづらいことが発声障害という現象を難解なものしている。本来、発話時に舌は舌の根元である舌根まで力むほどの大きな力は必要なく、脳神経から出る生理的レベルの筋指令でなめらかに動いており、舌より下方にある喉頭には全く影響しない。

舌全体は、下顎の骨の間を埋めるように口腔内へと入ってくる位置にある。舌の付け根（舌根）はどこかと言うと、下顎骨より下の、首の屈曲部分にある馬蹄形をした「舌骨」という軟骨である。舌は特殊な構造の筋肉の塊で、首の屈曲部前面の一番上にある舌骨を起始にして**巻貝のような形**をして乗っかっている（図 2）。巻貝のような形状のため舌の力みは舌の中央部分に集約する。外周よりも内周へ力がかかるためである。そこはちょうど舌の深層部にあたり舌骨に近い部分である。よって「舌骨」に力がかかることになる。

舌骨は**舌の根元（舌根）**であると同時に、**喉頭の一番上部にあたる枠組み**の骨である。ゆえに**舌骨を加重するということは「喉頭」に力がかか**

図2　巻貝状の舌の形

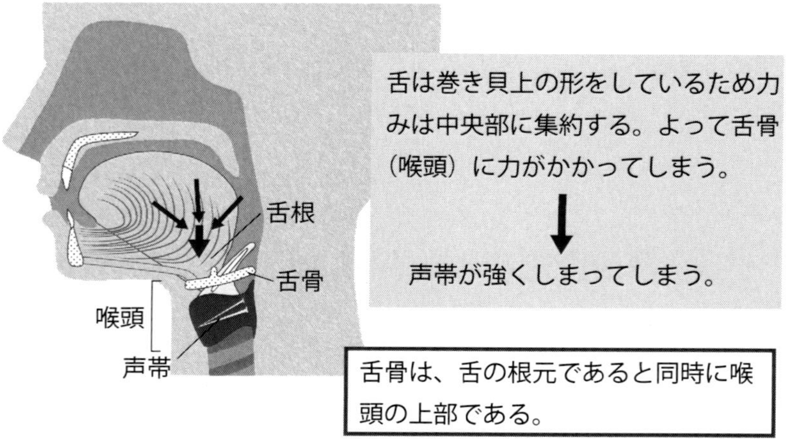

ることになるのである。また喉頭正中の垂直下には声帯の前方中央がある。喉頭に力がかかる発声は、その中にある声帯前方中央に力をかけるようになる。よって声帯閉鎖の位置が本来の合わせるべき高さより若干下方に押し込まれた位置で閉鎖するようになる。通常の声帯振動は、声帯の表層の粘膜の部分を軽く合わせる閉鎖度合で十分得られるのであるが、表層部分を超えて声帯が過内転するほど強く閉鎖するようになってしまう。ついには声帯の合わせ方に癖がついてしまうのである。

1－4 「共同運動化」現象と「運動の分離」

本来、声帯には気管支の下方から来る呼気圧以外の力は一切かかってこない。また舌は声帯とは別の脳神経支配であり、互いが繊細なレベルで独立しながら連携しあい、並列的に機能している。舌と声帯は互いの動きに干渉されることがないくらいの最小の力で行われている。しかし、大きめの声、高めの声、声色を加えた声を出す際に、舌根や喉頭の固定を発声開始の運動支点にするようなやり方を学習してしまうと、このほうが強い声帯閉鎖が得られ、本人には声の鳴りが良く聞こえるため習慣化してしまう。こうして**舌や喉頭の力みと声帯運動とが連結**するいわゆる「**共同運動化**」が形成されてゆくのである（図 3）。

そして強い声帯閉鎖を維持しながら「ことば」にする（構音）には、さらなる舌の力が得られるよう顎関節を狭く固定するようになる。すると舌の上下の動きが制限されて構音しづらくなるため、下顎を固定してスライドさせるような代償運動が起こってくることもある。このように**舌と下顎の「共同運動化」**も形成される。そしてふたつの共同運動化を維持するために、もはやことばの連続時には呼気は止めておくか、強く吐き続けるしかなくなる。このようにして**発声と呼吸の「共同運動化」**も

図3　「共同運動化」現象と「運動の分離」

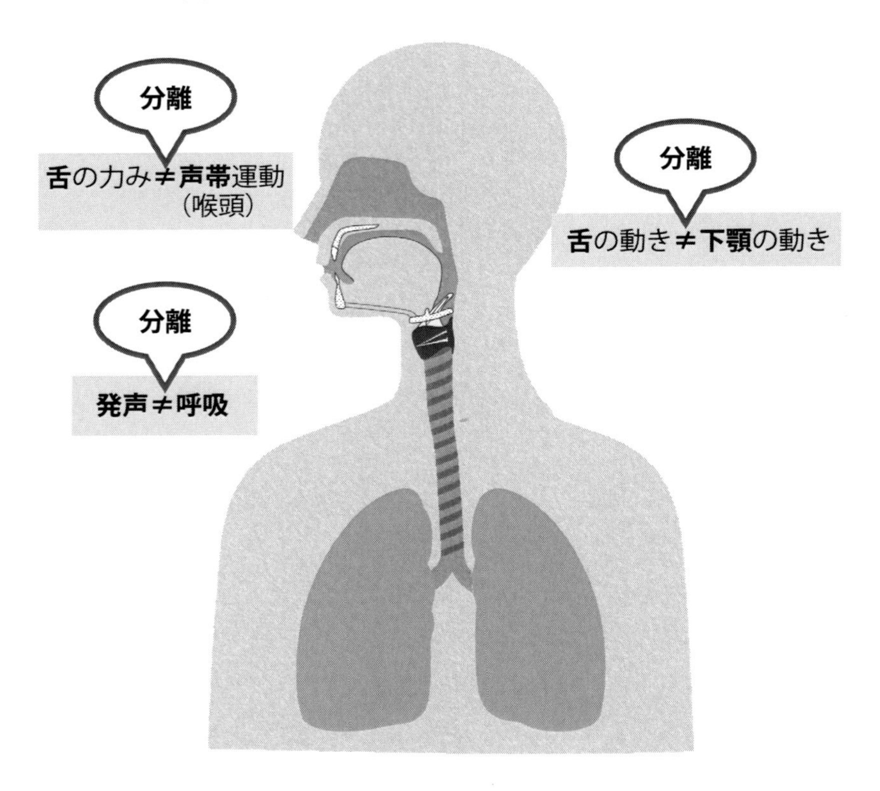

形成される。

もはや舌を前方に押し出したり回したりする可動域拡大の練習やお腹を出したり引っ込ませたりして息を強くフーフーと吐き出す呼吸の練習をすること、歌唱系の音階練習を行うことなどは、弊害にしかならない。共同運動化を助長するものでしかないからである。発声障害の改善のカギはいかにして「声帯と舌」、「舌と下顎」、「発声と呼吸」を**運動分離する**ように脳に仕向けるかにかかっている。強化されている共同運動化の発声回路を切り離すように仕向けながら、正しい回路を強化していくことを目指すのである。

これから紹介する方法は、発声治療室レイクラブで実際に行い、多くの改善例を出してきたメソッドである。これらは現在の習慣の発声でもできるだろうが、結局それでは身体が辛くなめらかに話せない。発声矯正とは、一見見落とすくらいの根源的、生理的な最小限の機能レベルをまず改善しなければ、会話という大きなレベルの事象を改善するに至れないのである。とても繊細で微妙な感覚を要するので、しっかりと自分の身体内部の感覚を研ぎ澄まして行うことが重要である。

※これは発声治療室レイクラブ（有）による独自の見解です。
メソッドの効果には個人差があります。
メソッド練習中、のどがしまってきたと感じたり、疲労感を感じたら無理をせず時間を空けながら行ってください。

1－5　当メソッドが目指すこと

今現在、あなたに無意識に起こっている**発声の悪習慣**をまずは認識しよう。改善するポイントをしっかり押さえて練習しなければ弊害となってしまう。逆にポイントを押さえていれば全て効果的になる。

1．舌と声帯の共同運動化が起こっている

「共同運動化」とは本来別々の器官が、それぞれ独立して機能していたものが一緒に働くようになった状態のこと。

「舌の力み」を基に声帯を閉めているため、いびつな強い閉鎖の仕方になっている。意識的な発声になるほど舌根を力ませてから発声するという癖が自動化されている。

２．舌と下顎の共同運動化が起こっている

強い声帯閉鎖を保持しながら構音（舌が子音を作ること）するためさらなる「舌の力み」が起こっている。**下顎を狭くし固めて**運動するようになっている。

３．発声と呼吸の共同運動化

呼気を「極度に止めすぎる」か､逆に「吐きすぎるか」 が起こっている。

発声時に息を「止める」力が強く働くか、逆に強く「吐き流して」しまうか、どちらかになっている。呼気を止めすぎれば過緊張性発声障害の様相をおび、吐きすぎる傾向があると痙攣性発声障害の様相を呈する。呼吸器官は全く力む必要はなく、最小限の呼気と声帯振動が並列的に行えるような、力バランスが重要である。

このメソッドが目指すことは、

→「舌と声帯」､「下顎と舌」､「発声と呼吸」の**共同運動化を切り離し**､それぞれが並列的に機能できる「**運動の分離**」を目指す（図３)。

まずは舌、声帯、下顎、息のそれぞれを解放し、最小の機能性に戻し、そして**＜発声の３要素＞が最小限で重なるバランスの取れるところ**を目指す（図１）。息の吐きすぎや止めすぎが起こらない息の土台の上で､声帯を鳴らしながら母音をスムーズに変化でき、下顎、舌の力みを起こさずに構音（子音付加）できる、という基礎の段階の「発声の再学習」を目指す。

トピックス 1　「治療はしたけれど」

ある20代女性Kさんは、2年前に甲状軟骨形成術Ⅱ型を医者に勧められるままに受けた。声帯間のチタン挿入術である。それしか改善の道はないと思っていた。現在、自分の声帯の間にチタンを入れる手術を受けたことをとても後悔している。何故なら、声のつまり、声の途切れは依然として残り、声のかすれ感だけが強くなってしまったからである。

彼女は語ってくれた。初めての診察時に医者に「痙攣性発声障害は一生治らないから」と言い放たれ、絶望感を感じたという。そして治療法は手術しかないというニュアンスの事を言われ、素直にそう思い込んだのである。「発声訓練で良くなる道があるのだったらそのほうが良かった。よく調べずに他の選択肢はないと思い込んでいました。それをあの時知っていたら。」とKさんは言った。

発声障害の症状のレベルにもよるが、彼女の場合、それほど重度でもなかったのにも関わらず、安易に手術に踏み切ったようだ。そして声質だけが「かすれ声」に変わってしまっただけで、気になっていた声のつまり、とぎれは無くならなかったため、そこで初めて原因は他にあると気づいたのだった。Ｗｅｂ検索で当教室を見つけた時、「これだ」と思ったと言う。

他の生徒で50代女性Mさんは、３年前声帯間チタン挿入術を受けたが１年前にチタンを取り除く再手術を受けた。Mさんはチタン挿入の手術時、のど仏にメスが入った瞬間、手術に踏み切ったことを後悔したという。そして術後わずか２週間で声は元に戻ってしまい、声のつまり、とぎれは依然として残った。また、水分補給の際むせることが多くなり異物に対する違和感と不安感から、チタン除去の再手術を受けた。

30代女性のＹさんは、痙攣性発声障害を発症して10年近くになる。そして、この10年間ずっとボツリヌス注射を声帯に打ち続けてきた。次第にその効果が持続する期間は半年から３か月と持たなくなり、将来この先ずっと注射を打ち続けていくことに不安を感じたという。そして、「もう注射をやめよう」と決意し、当教室で発声改善に初めて取り組んだ。薬の効果がほぼ抜けたＹさんの声帯は、鳴る力（呼気変換率）が極度に失われている印象であった。一生懸命話しているＹさんは前頭筋がピクピクと引きつり、下顎と舌の共同運動化が顕著で口がパクパク動き、息をたくさん吐く割には声にならず、出た声は揺れている。舌の力み度合いは重度であった。私はレッスン開始時にＹさんに言った「注射で声帯の動きを強制的に止めていた分、感覚と出てくる声とのギャップが大きいので覚悟してレッスンしてください」と。

それからの、Ｙさんとのレッスンは想定通り一進一退で困難を極めた。しかし、半年を過ぎたころ、Ｙさんの声は次第に鳴るようになり、声の途切れ、異常な声の揺れが無くなり、ことばが聞きやすくなった。ある日Ｙさんは「ボツリヌス注射をやめて本当に良かったです。注射を打っていた時よりも全然ラクに話せます。」と涙を流しながら言った。彼女とのレッスンはまだ続いている。

結局は「声帯」そのものが原因なのではなく、「舌の力み」や発声器官の要因が声帯に関与しているのである。今の医療現場では発声器官の構造上の関係性や、舌の状態などは診ない。「発声は声帯」、という短絡的な構図でしかない。閉まりすぎる声帯なら声帯間に金属を入れて突っ張らせて間隔を開ければよい、注射で声帯の動きを止めて閉まりすぎなくさせればよい、という対症療法だ。根本的な改善にはつながらない。発声そのものの全体をとらえ、舌や下顎、咽頭、喉頭などの発声器官一つ一つとその関連性を診て、声帯への負担がないものに変えなければ、声の途切れ、つまり感等は、結局は消えないという事である。

第2章
発声器官の構造

2－1　発声器官の位置関係

やってみよう! ……………………………………………… ✓

2－2　喉頭を支える筋肉

2－3　発声器官の構造上の理解とメソッド実施時の意識するポイント

■トピックス 2「俗世間的なボイストレーニングの弊害」

まずは発声器官とその位置関係を確認しよう！

やってみよう！

鏡にのどを映して主な発声に関する器官を自分の手で触って確認してみよう（図1、写真1〜3、図4参照）。

2－1　発声器官の位置関係

下顎	顎関節を起点に開閉する
舌骨（重要！）	首の折れ曲がり部分。舌の付け根（舌根）に当たる部分であり、喉頭の枠組みの上部
甲状軟骨	いわゆるのど仏　男性は隆起しているので分かりやすい
喉頭（こうとう）	舌骨〜のど仏の部分を喉頭と言う
声帯	のど仏の中にある。空気を音響に変換するリードの役割

咽頭（いんとう）を見てみる（口を開けた時に見える部分）

軟口蓋	筋膜の中央に「のどちんこ（口蓋垂）」がある　口の上天井、口の奥上側の柔らかい筋膜
硬口蓋	上顎骨にあたり、軟口蓋より前方の固い部分
舌	Uの字の下歯列の窪みにはまっていて、舌骨を起始とする巻貝状の筋塊
口唇	上下の歯列より前にあり、上下で合わさる

図4　発声器官模式図

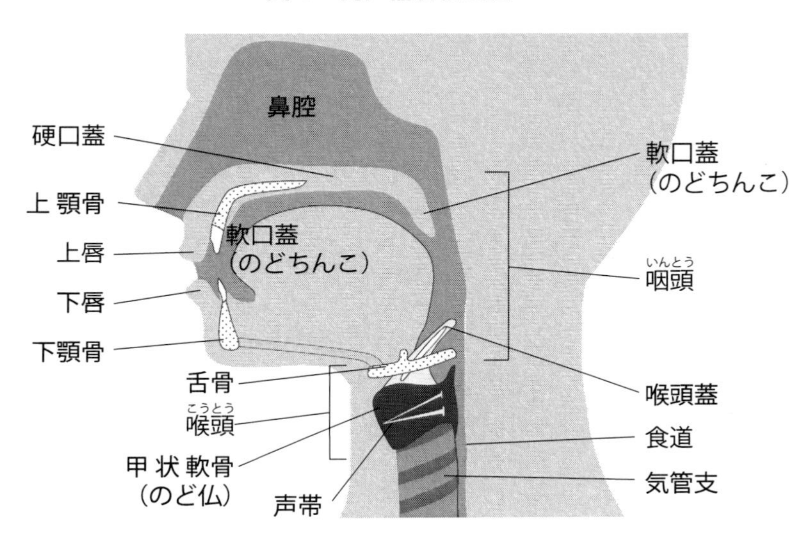

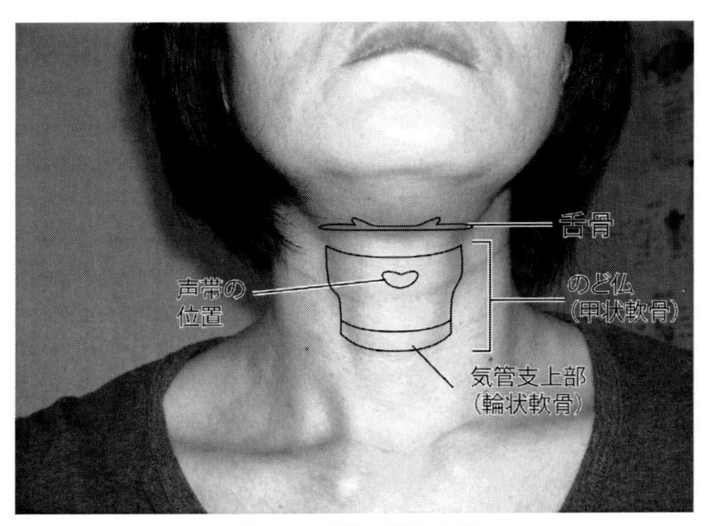

写真1　咽頭・喉頭　正面

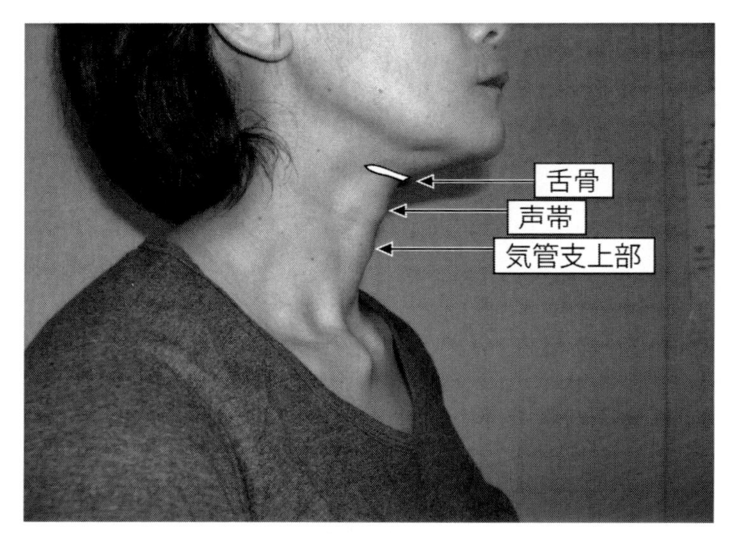

写真２　横向き

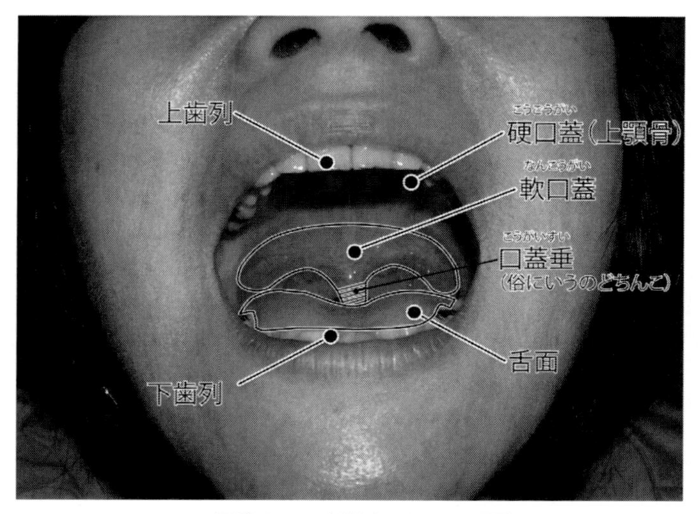

写真３　口を開けてみる　咽頭

2－2　喉頭を支える筋肉

舌骨上筋群　舌骨から連なるのど仏を吊っている、舌骨より上にある筋肉群（図 5）

舌骨下筋群　舌骨から鎖骨までや肩甲骨まで等を繋ぎ、のど仏を支える、舌骨より下の筋肉群（図 5）

呼吸器官　図 1　発声の３要素　を参照

肺　気管支の先の空気をためる空間

横隔膜　胸腔と腹腔を仕切る筋膜　これが緊張し下方に押し下がると吸気（空気が肺に吸い込まれる）が起こり、筋膜の緊張の維持によって呼気の持続（息を長く持たせること）ができる（図 1）

図５　舌骨筋模式図

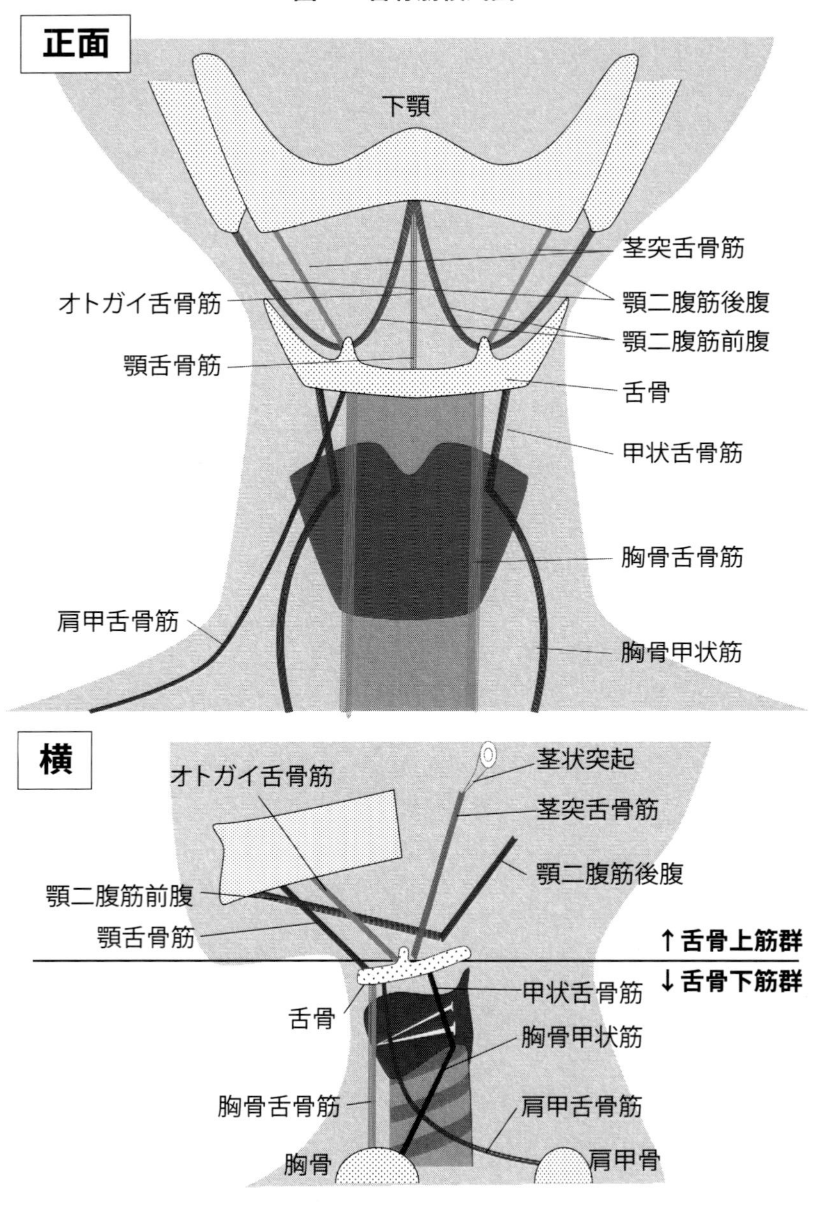
正面
下顎
茎突舌骨筋
オトガイ舌骨筋
顎二腹筋後腹
顎二腹筋前腹
顎舌骨筋
舌骨
甲状舌骨筋
胸骨舌骨筋
肩甲舌骨筋
胸骨甲状筋
横
茎状突起
オトガイ舌骨筋
茎突舌骨筋
顎二腹筋後腹
顎二腹筋前腹
顎舌骨筋
↑舌骨上筋群
↓舌骨下筋群
甲状舌骨筋
舌骨
胸骨甲状筋
胸骨舌骨筋
肩甲舌骨筋
胸骨
肩甲骨

2-3　発声器官の構造上の理解とメソッド実施時の意識するポイント

口腔〜咽頭から奥の、見えていない発声器官の構造をイメージしてほしい。舌は舌骨という枠組みが根元で、舌骨から下方へ甲状軟骨（のど仏）と繋がっている。この舌骨からのど仏までの部分を喉頭（こうとう）と言う。そして喉頭からさらに下方は気管となり全体として「筒状の構造物」のようになっている。いわば首の中で吊りさがっている「筒状の構造物」である。**舌骨**は舌根であり、喉頭の上部でもあるため必ず確認すること。声帯はのど仏の内壁にある特殊な粘膜兼筋肉である。形状は砂時計のくびれ部分のような、左右から出てくる筋で、これが閉鎖して呼気を受けてリードのように振動すると肉声になる。

首の中で吊りさがっている筒状の構造物を支える筋肉は**舌骨筋**である。舌骨と言う枠組みを境にして上側を**舌骨上筋群**といい、下側を**舌骨下筋群**という。これらで筒状の構造物を上下左右から吊って支え、一定の範囲内上下に動かせる。**舌骨上筋群**は耳の後ろの頭蓋骨の左右側面のきわ(茎状突起)から出て紐のような筋で舌骨の前方にひっかけ下顎中央部までつなぎ、吊っている。また舌骨から左右の鎖骨や肩甲骨といった骨につないで下側を支えているベルト状の筋帯を**舌骨下筋群**という。

本来、首の中で吊りさがる筒状の構造物の中の声帯というリードを鳴らすために、筒そのものを固定させるような力は一切必要ない。固定する力とは**喉頭を固定する力**であり、舌骨筋の力みのことである。これがあると外側から声帯に力をかける。咽頭や舌が力んでも、根元部分である舌骨に力がかかり、その下の喉頭に力が加わることになり、声帯を強く閉めてしまう事になるのである。また、息の吐きすぎや止めすぎなどの**「呼吸の力み」**があっても喉頭に力がかかり声帯は強く閉まる。

①下顎をだらりと緩める

下顎も喉頭もそれぞれが動く構造になっている。カラクリのような構造だ。半径が大きい順に下顎、舌骨、喉頭、声帯と徐々に小さくなり、**マトリョーシカ（入れ子人形）のような構造**になっているのである（図6）。喉頭そのものを固定する力を起こさないための最重要ポイントは、最も大きな半径で一番大きな外枠である下顎を固定する力を起こさないことである。この下顎を固めないことが、喉頭や舌のゆるみにつながるのである。これは大前提となるが、自分では下顎は緩ませているつもりでも意外に力が入っていることもある。口を開けていても下顎を固定する力は入るので注意する。普段から上下の奥歯がかみ合っていることが多い場合、すでに顎関節が狭く固定され下顎を固定する力が強い。日中奥歯のかみしめがある人は就寝時の歯ぎしりやかみしめが起こる確率も高い。日中、両奥歯の間はしっかり離して、奥歯をかみしめることが無いよう、下顎の緩めを意識するようにすることから舌や喉頭のゆるみが得られるようになる。

親指を前歯に当て、上顎によりかかりながら口から何回か息を吐くと下顎が緩められる。

下顎を緩めようと思うとなかなか緩められないこともある。むしろ**上顎（頬骨）に意識を向けて口呼吸と同時に口をポカンと開けるようにする**と下顎は緩められる。

大きい外枠である下顎が緩む →舌骨（＝喉頭）が緩む →舌根も緩む →舌本体が緩む → 結果、声帯は閉まりすぎない

図6　マトリョーシカ構造と声帯

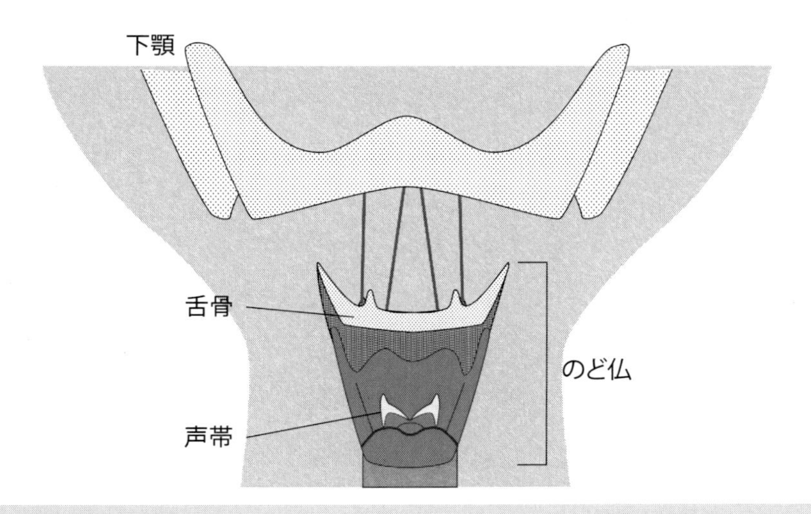

喉頭は入れ子構造になっている。首の中でつりさげられた状態。
本来下顎、舌骨、のど仏は固定されておらず、緩んで柔らかくつながっている→固定する力があると下方へ影響を与えてしまう。

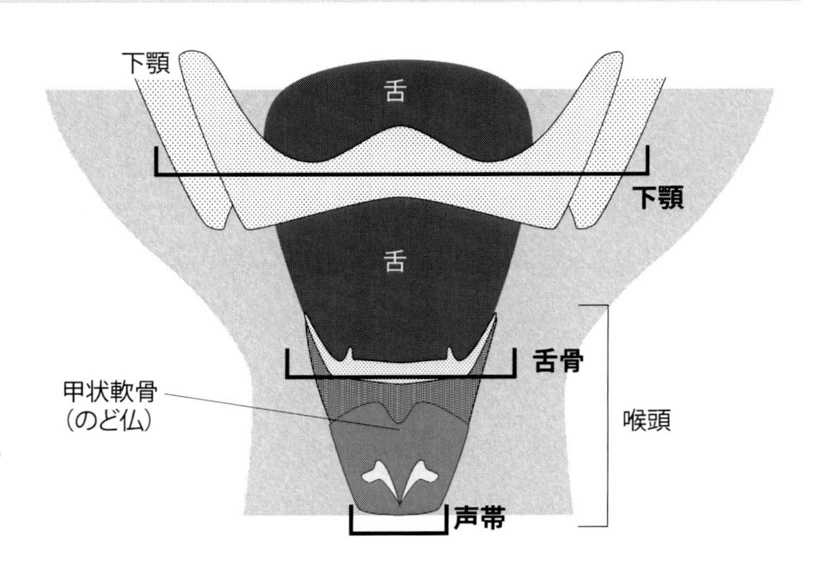

②舌・喉頭が緩んでいても声帯は鳴らせるようになる

舌が力むと舌の底である舌骨（喉頭）に加重するため下向きの力が起こる。**声帯は、舌骨よりも下に位置しているので**声帯に力をかけてしまうのである。本来声帯は何の力も必要とせず声帯そのものが呼気圧に対し反射的に閉鎖してリードのように鳴る仕組みがある。位置的に舌は声帯より上にあるのだから、舌が緩んでいても声帯そのものはそれ自身で閉鎖、振動できるのである。それなのに、声を出そうとするときに先に舌を力ませる動作が入り込んでしまうのである。

声帯が鳴る仕組みを説明しよう。声帯という左右の筋肉の門が左右から寄ってきてある程度接近すると、声門下の空間は軽く密閉された状態になり声門上の外界と通じた空間より気圧が高くなる。この声門を境にした上下の気圧差があるところに、声帯間の隙間に起こる下から上方向への気流によって、声帯という筋膜は吸い寄せられて波打ち振動運動が起きて音が鳴る。この声帯の鳴る性質はベルヌーイの法則という。このベルヌーイの法則は航空科学の尾翼などにも利用されている物理的空気力学である。要するに、声帯とは構造上の精密な仕組みだけで鳴るようにできている。ゆえに声帯以外の外部からの力は一切必要なく、少しでも加われば生理的な閉鎖強度以上に閉まりすぎる。ゆえに声を出す瞬間に下顎や舌、喉頭などに少しでも力みがあると無自覚に声帯閉鎖強度は上がる。身体の四肢の巨大な筋肉を随意的に動かすのとは全く性質が異なるのである。

③お腹に力を入れない

声を出す瞬間に強い呼気が声帯間に流れることも声帯が反射的に閉まりすぎてしまう原因になる。俗的に言われている「息をのせるように」ということを実践してしまい、**声を出す瞬間、お腹に力を入れて息を吐くこ**

とは声帯の力みになることを覚えておこう。声の出だしに息の音「ｈ」喉頭摩擦音が聞こえるほど息を吐きながら言う事が多く見られる。第一声目の瞬間息を吐き出すと舌を引きこむ動きが起こり、声帯に力をかけてしまうからである。声帯を下方へ押し込みながら強い息と共に発声することで声帯の合わせる位置が本来の位置からズレを生じてくる。これが声の不安定さの原因となる。

また、声を出す瞬間に息を完全に止めてしまうのもそれだけで喉頭内の声帯は閉じる。始めに閉まっている声帯をもう一度さらに締めてから出すので、出だしの声質がつぶれたようになり、過緊張性の様相を呈する。第一声目の直前**息を吐かない、息を止めすぎない**ということを覚えておこう。**お腹に力を入れることは呼吸の力みになり、喉頭の力みにつながる**ので、日頃からお腹に力を入れないように注意することを習慣づけること。

のど仏（喉頭）そのものが緩められたら、温かい息が口に来ることが感じられ口呼吸ができる。腹筋という大きな筋肉を力ませずとも横隔膜の拡大時の保持のみで呼気は長く持たせることができる。腹筋に力を入れることは呼気の保持にはならないのである。むしろ腹筋まで力ませると、胸や喉頭の力みを誘発し、呼気をロスしてしまう。腹を付きだして息を吸ったり引っ込ませながら強く吐き出すことが「腹式呼吸」なのではない。これは多くの人が誤解していることである。「呼吸の力み」があると喉頭に力みが起き声帯の閉めすぎになることを覚えておこう。

トピックス 2「俗世間的なボイストレーニングの弊害」

●「お腹に力を入れて声を出す」の弊害

芸能系の養成所などでよく見る光景に、お腹に手を充てて下腹をわざと付きだしたり凹ませるのに合わせて「あ！い！う！え！お！」と大声を出す練習がある。「息をたくさん吐きながら」声量を出すことは発声の初心者には良いが、これをずっとやっていると危険である。これによって声の高さを出す際、さらに息を吐いて声帯を強く閉めてしまう事に頼らざるを得なくなるからである。声量とはいかに息を吐き出さずに声帯振動と同期させるか、呼気変換率の効率性によるものだ。また意図的に下腹を動かしてしまうと腹圧が一定に定まらず吸気時に拡張した横隔膜の緊張が維持できない。よって呼気持続が短くなる。また下腹に故意に力を入れることはみぞおちや胸、肩にまで力が入ってしまう。上半身に力みが入るだけで喉頭は力むので声帯を閉めすぎる原因になってしまう。

●「大きな口を開けて」の弊害

母音に合わせて大きな口を開けて意図的に動かすのも全くの弊害にしかならない。母音は舌の位置と高さで変えるのであるが、大きく口を開けさせ口の形を大げさに動かせと指導する。アナウンサー、ナレーター系の養成所で必ずと言っていいほどこれをやらされている。この「大きく口を動かす」という表情筋の練習によって、むしろ肝心の舌の上がりが悪くなる。そして必ずといっていいほど下顎の力みも併発するため構音の代償運動が起こり、さらに下顎が緩ませられない状態になる。そして肝心な「のどの奥」が狭くなり口をパクパク動かす割には声がとおらない。舌奥を高い形をキープすることのほうがのどの奥は広げられるのである。

●「息に乗せながら声をだす」の弊害

これもまた昔からよく聞くフレーズの一つ。この「息を吐きながら声をだす」ことで声門下圧が取れずに、声帯を強く閉めすぎてしまう大きな原因となる。そして息を先に吐きながら声を出すと本来声帯の一番合わせるべき位置からズレて閉鎖するようになる。

30 代女性のKさんは、ヨガのインストラクターである。努力した甲斐あってインストラクター試験に晴れて合格したKさんは、協会の主催する「声を大きく出しながら教える」ための特別コースを受けたそうである。「呼吸に合わせて声を出す」「息をのせるように話す」というよく聞くフレーズを、一生懸命自分なりにやっていた。しかし３か月めに入って、Ｋさんは第一声目の声がひっくり返ったりつまるようになった。発声障害の発症である。「息をのせるように話す」ように意識することで、息と声帯閉鎖のタイミングがずれ、強く声帯を閉める癖がついてしまったのである。

●「のどを下げる」の弊害

「のどが上がらないように、のど仏を下げる」ということが「のどを広げる」ことだと思っている人が多い。のど仏を下げようとする意識のために舌に力みを入れ、舌をのどの奥に引き下げるようになる。

本来あるべき舌の位置から下方にずれるために声帯を下方に押し込み、いびつに強く閉めた声帯の位置で構音するため声がこもってしまう。舌を下げようとする力みがあるため、軟口蓋も引き下がるようになってしまいのどが絞まるようになってしまった人が多い。「のどを開ける」にはむしろ舌面を下げてはいけない。そして軟口蓋が緩んで上がるようになることが必要なのだ。全く逆のことが起きるようになってしまうのである。

第3章
舌の構造

舌は非常に運動性が高く、無意識下でも力が入りやすい器官である。

先に述べた通り、発声障害の原因には、下顎が力むこと、咽頭・喉頭が力む事、呼吸が力むことなどがあるが、根本には**「舌の力み」**が関与していることが多くの臨床により分かってきた。意識的に発声する場面ほど無意識に舌が力む。普段の会話時なら普通の声なのに、いざという場面で声質がかわってしまう、日によって、時間によって変動があるという症状がある人も多い。それは全て「舌の力み」加減が関係している。声が震えたり、揺れたり、声がひっくり返ったりするのは舌根の力みにより喉頭へ力がかかる時である。力の加えられた声帯はわずかに声帯間に息漏れを起こすようになり第一声が安定しなくなる。するとより安定的に声にしようと舌の力みが加速する。舌の力みが一定の許容範囲を超えると生理的な声帯開閉の仕方、声帯閉鎖の位置、強度に影響を及ぼすようになる。声帯が生理的な強度以上に強く閉まることを「内転」といい、声帯を開閉する筋部分に誤作動を起こさせるような力がかかり声帯が開いてしまうことを「外転」という。痙攣性発声障害には、内転型と外転型とがあり、両方入り乱れた状態の混合型も多い。このように声帯の開閉運動が意思と矛盾し混乱をきたすに至る。

舌は片側しか骨に付いていない筋塊なので、力むと根元（舌根）側まで収縮する。舌骨が舌根であり、喉頭という枠組みの最上部でもある。ゆえに舌が力むと喉頭に力をかけることになり、喉頭の内部の声帯にまで影響を及ぼす。舌の力みが結果的に、声帯の開閉を不安定にさせることは理解できたであろう。生理的な声帯の開閉に舌が力むという余分な運動を加え続けた結果、舌根の力みと声帯運動とが結びつく現象、舌と声帯との**「共同運動化」**が形成される。この共同運動化を切り離し、舌と声帯の運動の分離を図るためには、まず、舌という器官の構造、仕組みを知る必要がある。

3－1　舌の仕組み

舌は舌骨から始まり、口を開けて舌を思いきり「R」を言うように上へめくりあげると、下の歯列のUの字の間に舌という筋肉の塊がはまりこんでいるのが分かる。舌は口を開けた状態で出せる部分だけではなく、実はその下に見えていない隠れた部分がある。

周辺の骨から舌の筋肉に成っていく「外舌筋」は見えていない部分をさす。外舌筋の上に積みあがるように成る舌固有の筋「内舌筋」は、口の中で見えている部分をいう。このように何層にもなる複雑な構造をもつことで舌は横、縦、斜め前、斜め後ろといった３次元的運動性が可能になっているのである（図７)。

1．まず、口を開けて舌を出した状態で見えている部分は、舌の上層の筋肉であり、**内舌筋**（ないぜつきん）という。

内舌筋は筋層のようになっており、主に舌の表面の形、**舌先の形を決める**働きがある。

[内舌筋の種類]

舌の表層の粘膜下の筋肉→上縦舌筋

舌の下面を舌根から舌先まで走る筋肉→下縦舌筋

舌の上面から下面に垂直に走る筋肉→垂直舌筋

垂直舌筋を交差して走る筋肉→横舌筋

2．そして、舌は見えていない内舌筋より下の下層の部分があり、それを**外舌筋**（がいぜつきん）という。

下顎骨や頭蓋骨などの周辺の骨に起始を持って、舌の筋へとつながり、**舌全体の位置を決める。**

舌をひと固まりとして前上、後上、後下など**舌全体の位置を決めるように働く。**

［外舌筋の種類］

咽頭の軟口蓋（のどちんこ）から両側に舌につながっていく筋肉

→**口蓋舌筋**　鼻咽腔開閉に関与

左右の耳の後ろの側頭骨の際（茎状突起）から舌の側縁部につながってくる筋肉

→**茎突舌筋**　後上方へ引く働き（主に「う」の時収縮）

下顎の骨の内側（オトガイ突起）から扇状に舌に広がる筋肉、下方は舌骨に付く

→**オトガイ舌筋**　前上方に持ち上げる働き（主に「い」や「え」の時拡大）

舌骨から舌の両側部に走る筋肉

→**舌骨舌筋**　舌の高さを変化させ、後方に引く（主に「あ」の時収縮）

がある。

内舌筋や外舌筋の精妙な調節による**舌の位置や高さの違いが母音の違いになる、**ということを覚えておこう。

舌は片側下が下顎と舌骨とに連結した**巻貝のような形**をしている。のり巻きのように筋は何層にもなっており、外周の表層は主に内舌筋、内

周の層は主に外舌筋である。舌の根元部分を舌底、または**舌根**と呼ぶこともある。舌は巻貝のような形をしているがゆえに力むと、その力は内周である舌の内層の真ん中に集約されて舌根まで力む。そして近接する舌骨を加重することになる。

図7　舌と周辺模式図

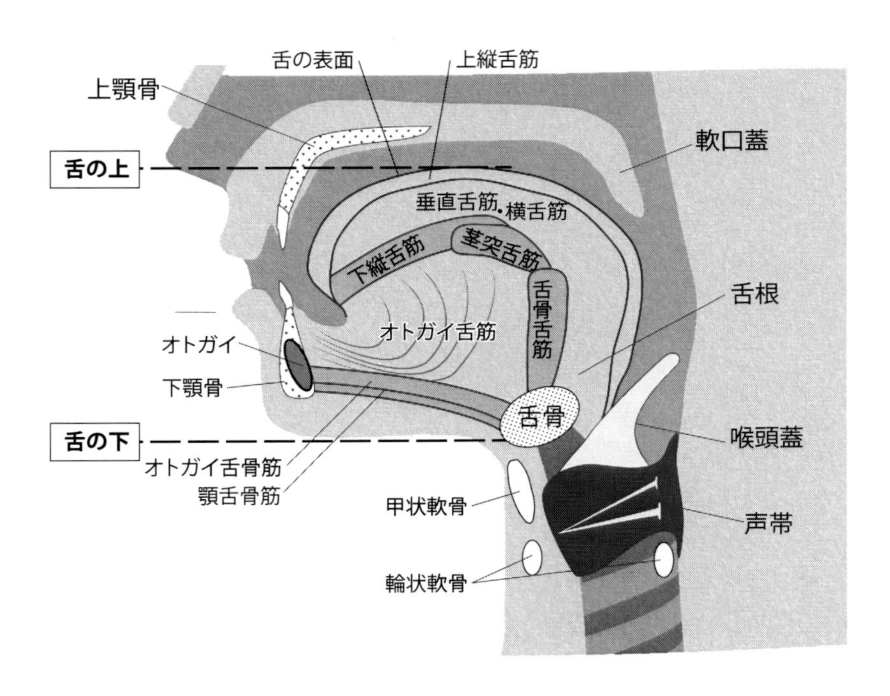

内舌筋～舌固有の筋

・上縦舌筋
・垂直舌筋
・横舌筋
・下縦舌筋

外舌筋～周辺の骨から舌になる筋

・口蓋舌筋・茎突舌筋
・舌骨舌筋・オトガイ舌筋

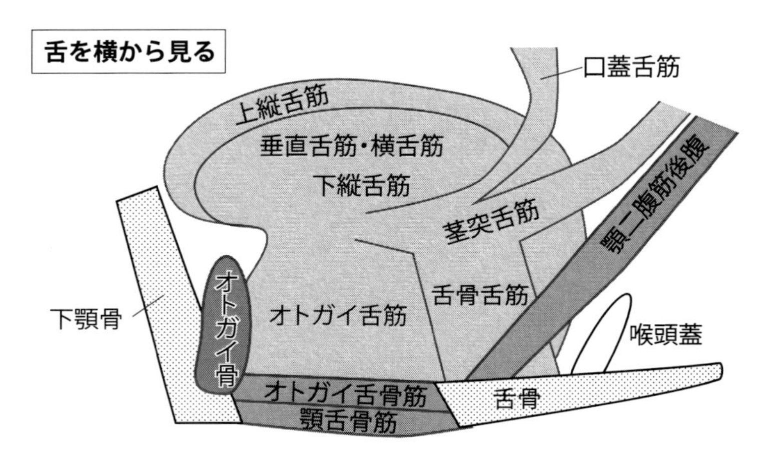

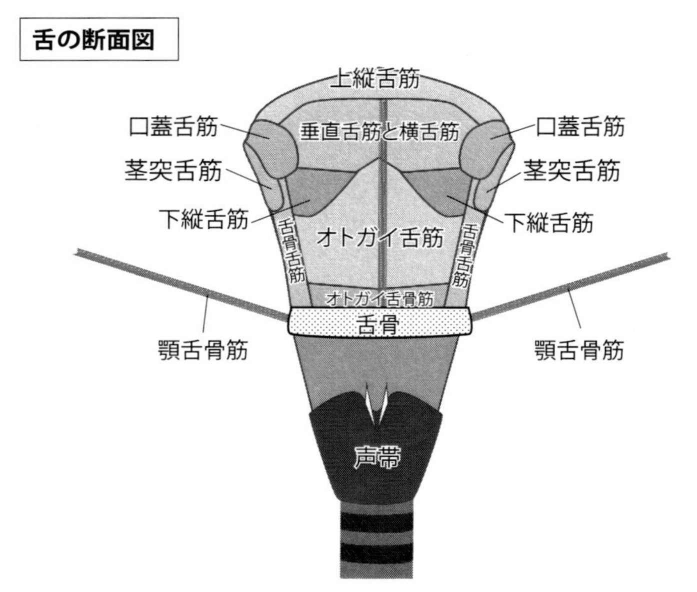

3－2　舌根を意識する

舌の力みによって**舌の先が力んだり、舌奥の高さが下がったり、舌の位置の変化がしづらくなる**と、母音の変化がスムーズにできなくなる。すると母音の移行を舌の力で動かすようになり、舌本体の力みは根元の舌根部分まで及んでしまう。まずは自分の舌を観察してみよう。舌の表面の中央をのどの奥へ奥へたどると、舌骨中央にたどり着く。まさに舌骨中央付近が舌根にあたる。舌骨は首の屈曲部分の前面から手で触れることができるので、舌根をイメージできるようになる。

舌根を感じてみよう

（咽頭反射の強い人は「おえっ」となるので注意）（写真 4）

1．舌骨を片方の指で触れる。
2．もう片方の指で舌の真ん中奥の方を触れる。
3．舌の真ん中奥のほうを、指先で下に押してみる（咽頭反射の強い人はおおえっとなるので注意）。
4．舌を押す指先の感覚が、舌骨側の指に伝わってくるのが分かる。舌を上下に挟んでいる状態である。

耳鼻科の検査、ファイバースコープで声帯を見たことがある人もいると思う。舌の根元に何か触れるとおえっとなる感覚が起こる（咽頭反射という）。その舌根よりわずかに下に声帯は位置する。

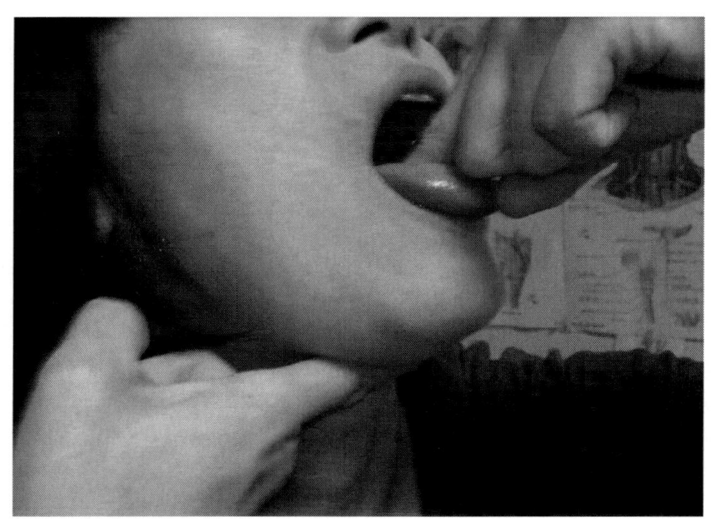

写真４　舌挟み

舌根押し上げ

1．鏡の前で口を開けて、舌骨中央に中指を縦に向ける。
2．舌骨側から上に向かってツンツンと強く押し上げてみる。
3．指の動きに合わせて舌が上下に動くのが見える。

舌が動かない人は舌根が緊張して固いため動かないのである。

下顎をしっかり緩ませてから行うと、舌の底が押されて動くのが分かる（写真 5）。

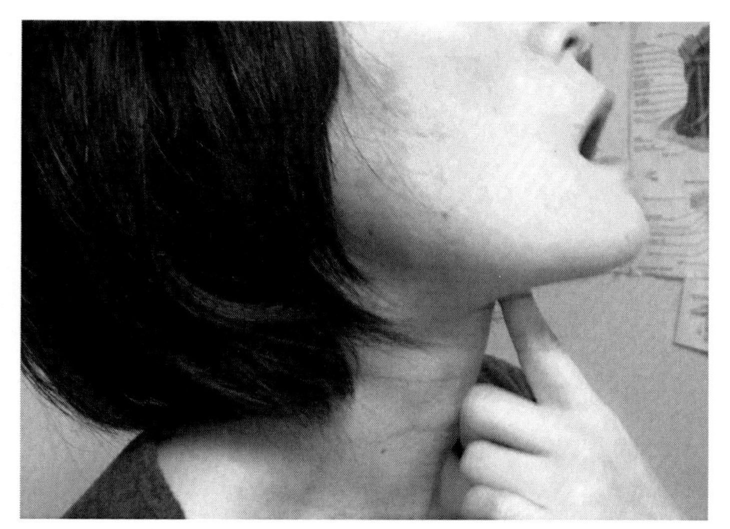

写真５　舌の底ツンツン
舌骨きわを上に向かってツンツン押す

私たちが普段見ている舌の表面は「舌の上」であり、舌骨側が底にあたり「舌の下」と言える。

「舌の上下」を考えた時、**舌の表面が上**、**舌骨（舌根）が下**と考えよう。

やってみよう！3　口を開けて舌を出して見てみよう

写真６　力んでいる舌

６－①　ヘビ舌
舌が細く寄っている（ヘビ舌という）

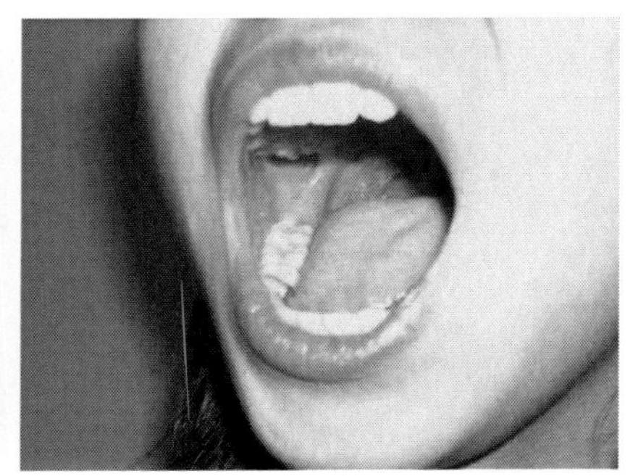

６－②　下歯列にはまり込んでいる

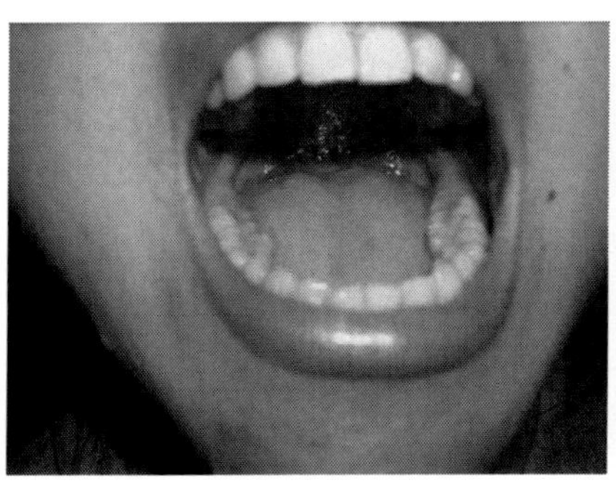

６－③　舌面の高さが下歯列より低い

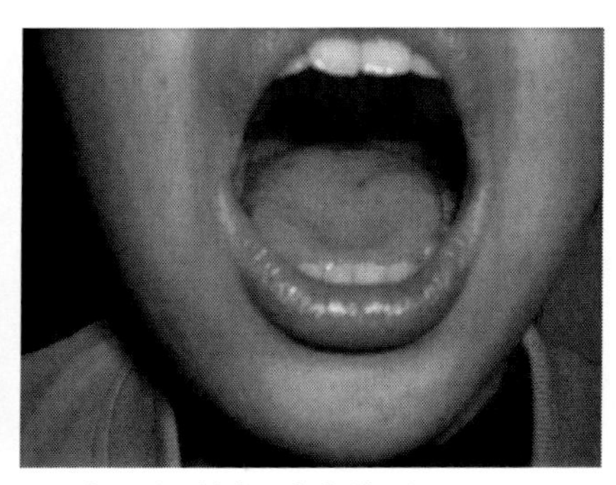

６－④　舌の前方、中央が凹んでいる

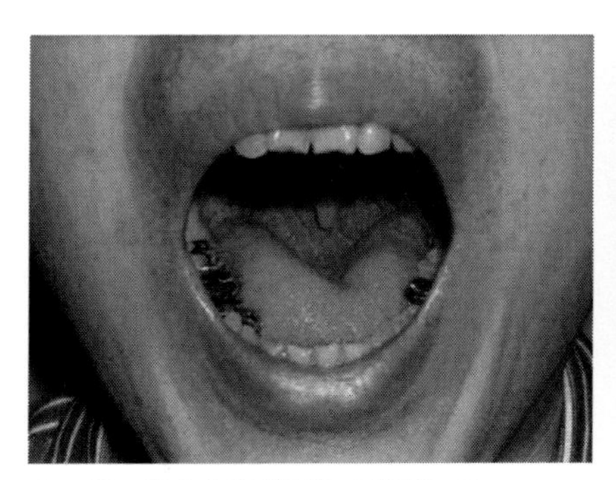

６－⑤　舌の中央が凹みすぎている

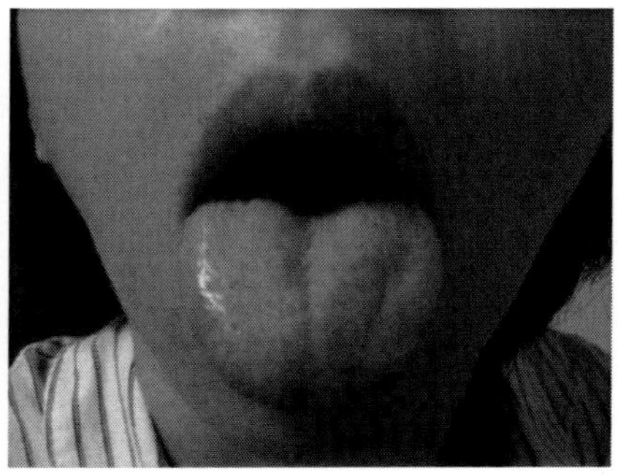

６－⑥　舌の真ん中が盛り上がっている

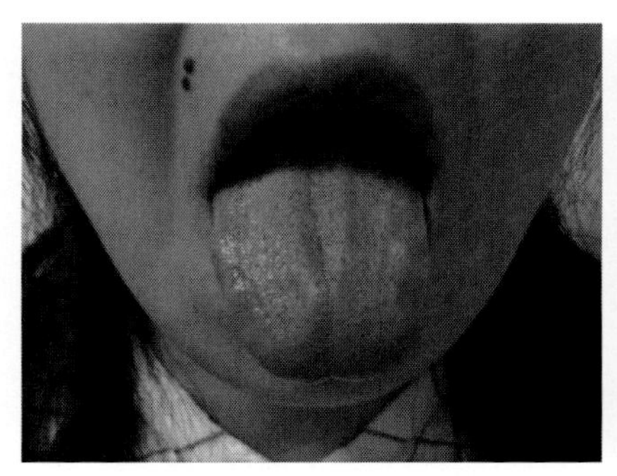

6－⑦　舌の中央を挟んで一部が盛り上がっている

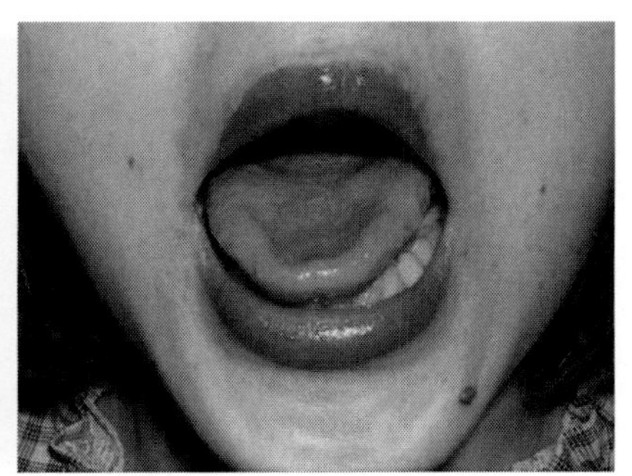

6－⑧　舌の淵が浮き上がっている

写真7　力んでいない舌

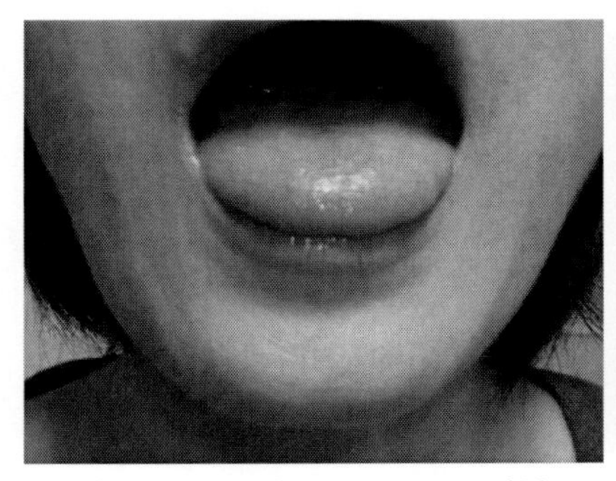

7－①　舌の厚みがあり、舌の周辺が緩んでいる。

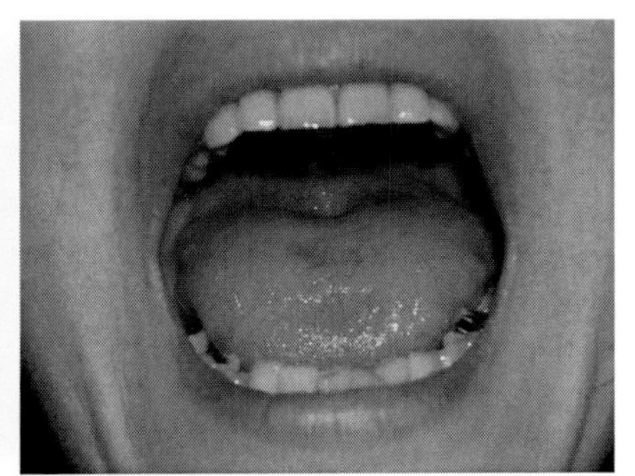

7－②　横幅があり、下の歯列より上がっていて凹凸がない

トピックス 3 「舌の力みの怖さ」

20代女性のYさんは、大学生の時、自分の好きなファッションブランドのアパレルのアルバイトを始めた。もともと声の小さかったYさんは、店長に「もっと高めに大きく声をだして」と発破をかけられた。ご存知の通りアパレル特有の女性の呼び込みの声である。みんなが出している声の感じを真似て、Yさんも頑張って呼び込みをしていた。そして早くも1か月を過ぎたあたりで声が出なくなったという。「アルバイトが終わっても、のどの力が抜けなくなって、どうやって普通に話していたか分からなくなったんです。」とYさん。そしてアルバイトをやめても、声は戻らず発声障害になってしまったことに気付いた。

Yさんのように、高い声を出すときに声帯を閉める事だけに頼ってしまう人は多い。そして「舌の力み」をセットにして発声することを習慣化してしまう事で、短期間で発声障害を発症する。発声矯正レッスンの開始後いったんかなり改善したかに見えたが、職場の電話応対では声がつまってしまったり声がひっくり返ってしまうということで苦労していた。それでもコンスタントにレッスンを続け、正しい発声を身体で覚えていった。そして当教室に通い始めて8か月が過ぎた今、Yさんは普通に話している時はほとんど声のつまり、とぎれは起きないレベルにまで回復した。しかし音読になると舌に力みが入った瞬間にだけ声質がひずむ。

Yさんは「舌にいかに力みが入っていたかが、今は分かります。言おうとすると舌に力みが入るのが分かります。」と語り、高い声、大きい声を出そうとする際、いかにのどの力み、舌の力み等で声帯を強く閉めて出していたかに気付いたのである。

第4章
舌の体操

4－1　舌面認識の舌面体操

やってみよう！４－①　逆さ下顎緩めの唾液飲み…………☐

やってみよう！４－②　下向きの唾液飲み……………………☐

4－2　舌端認識の舌の両側体操

やってみよう！5　舌の端のトレーニング……………………☐

4－3　舌奥認識の舌奥上げ体操

やってみよう！6　舌奥の上がり………………………………☐

■トピックス４「当教室に来る人の職業の広さ」

舌の両端トレーニングをすることの意義は、舌の真ん中部分に集中する力を分散させることができるようになることである。これにより舌が口に入ってくる角度が変わり、舌根が立ち上がりやすくすることで、舌骨に加重させにくくする効果を狙う。この章では舌の両端と舌の真ん中のイメージを作ること、舌の厚み（舌の上下）を広げること、舌の先端や舌の奥の感覚を作ることを学ぶ。普段あまり意識しない**舌を立体的にとらえる感覚**を養うことで、舌根は緩められるようになる。また母音、子音の生成に役立つ。

<舌を立体的にとらえる３つの感覚>

舌面認識　**舌の上下**を考えることで**舌の厚みを増し、**上向きの力の方向を作る目的

舌端認識　舌の真ん中に集中してしまう力を**分散させ、舌の真ん中を緩ませる**目的

舌奥認識　舌の奥が引き上がることで、首の前側の**舌骨中央に加重させなくする**目的

4－1　舌面認識の舌面体操

初めに普段通り唾液を飲み込んでみる。
次に、

1．唇を緩ませ下顎を緩ませて両奥歯を離す。
2．下顎をゆるませたまま唾液を飲み込んでみる。

下顎を緩ませていると唾液を飲み込むのは難しいと感じるだろう。

通常の飲み込み（嚥下）は、上下の奥歯をかんで下顎の力を利用して嚥下している。

また上下の唇の筋肉、頬筋なども使って飲み込んでいる。

従って、下顎を緩ませながら唾液を飲み込むのは通常難しい。しかし舌面が上がって舌根が緩んでいると飲み込みやすくなる。次の下向きの唾液のみは、首の中で吊りさがる喉頭を緩めることで、舌が上がりやすくする予備練習である。

やってみよう!4－① 逆さ下顎緩めの唾液飲み

■手順

1．上半身を前屈し、首も前屈し、**首裏を完全に緩ませる。**
2．口唇を離し、下顎を緩め、**喉頭を完全に緩ませる。**
3．舌上面が軽く口の上天井に付きそうになっていることを感じる。
4．そのまま舌面が口の上天井についた状態で唾をのんでみる。

写真8　逆さの下顎緩めの嚥下

上半身を前屈させ下顎・喉頭を完全に脱力すると、重力ですでに**舌面が口の中の上天井に近づいている。**そのうえで舌骨（舌の下）が緩めば舌面は口の上天井に接しながら楽に嚥下できる。

注意！ 舌に反動をつけて喉頭を強く閉めすぎないように易しく嚥下しよう。

すなわち舌がある程度高い位置にあって喉頭が緩んでいると、舌は上方向へ持ち上がる力の方向を得ることができる。喉頭に力みがあると舌は上がれない。

ここで、**舌面＝舌の上を認識し、 舌骨（舌根）＝舌の下を緩める意識**を作っておこう。

やってみよう！4－② 下向きの唾液飲み

■手順

1．首を前屈し、首裏の力を抜き、唇をわずかに緩ませ奥歯を離す。
2．舌を口の中の後ろ（首裏側）へ引き、舌面が口の上天井に接するのを感じる。
3．舌骨（喉頭そのもの）を緩ませるイメージを持つと飲み込める。

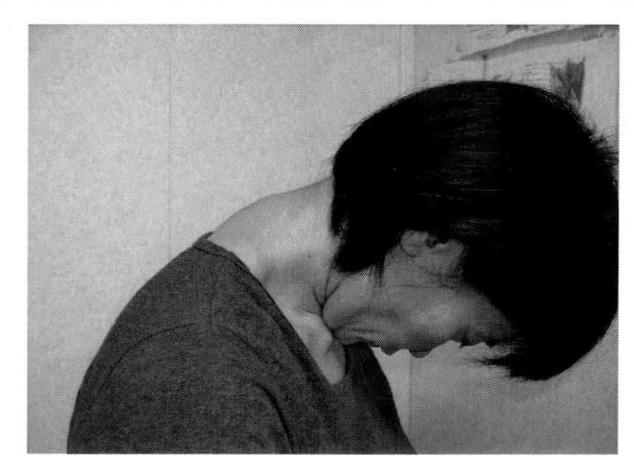

写真９　下向きの唾液のみ

舌上面と口の中の上天井との接面（舌の上）を感じながら、舌骨（舌の下）を緩ませせると嚥下がしやすい。舌が上方向へあがる力の方向を得て舌自体が上がりやすくなるのである。舌面を意識してゆっくりやさしく嚥下してみよう。喉頭そのものを緩めると舌骨は簡単に緩められ、舌面が上がりやすくなる。

４－２　舌端認識の舌の両側体操

やってみよう！５　舌の端のトレーニング

牛乳パックを細長く切ったものを用意。

写真１０　牛乳パック紙

１０－①　牛乳パックを洗って切る

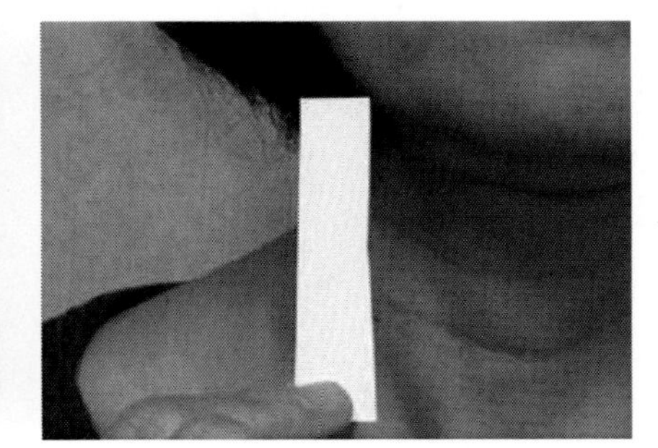

１０－②　長方形に切る

■手順

1．口をわずかに開け下顎を緩める。

2．「e」を言う舌の形にする。すると舌の両端の上面が上の奥歯に軽く接している状態まで持ち上がり、横に広がる（写真 11）。

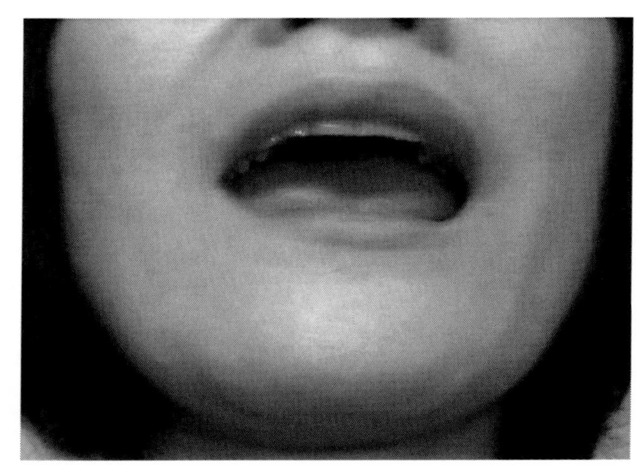

写真１１「e」の形

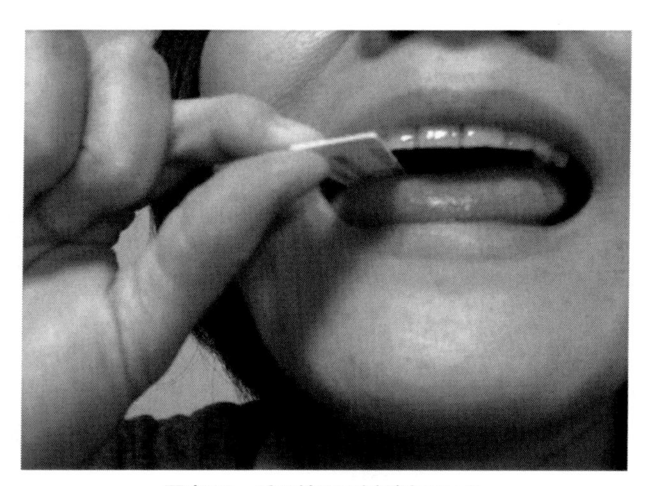

写真 12　舌の端面に紙が来ている

３．舌の片端面と、上の歯の接している間にパック紙を割り込ませる（上の奥歯列に紙を沿わせる）。

４．舌の端の上面と上の奥歯の間に紙を挟み、紙を手で引っ張っても抜けないように舌端面で押さえる。

５．反対側も行う。何回か繰り返すと舌の両端面の感覚が出てくる。

舌は前に出さなくても良いので、軽く舌を後ろに引くと舌の奥のほうが立ち上がりやすい。

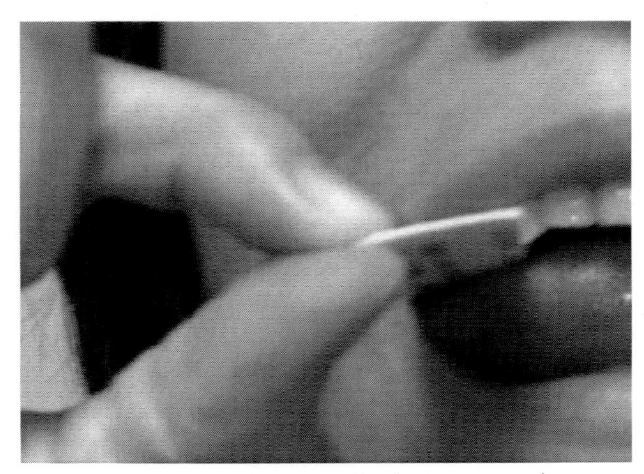

写真 13　舌の端で押す

舌の端面のみを意識して紙を感じる事で、舌の端面の感覚を作ることが目的である。

これだけで舌が横に広がるようになり、 口に入ってくる角度を上げることができる。

しかし、始めは下顎の力で押そうとしてしまうので、顎をしっかり緩めながらゆっくり舌の端面を感じることがコツである。

良くない例

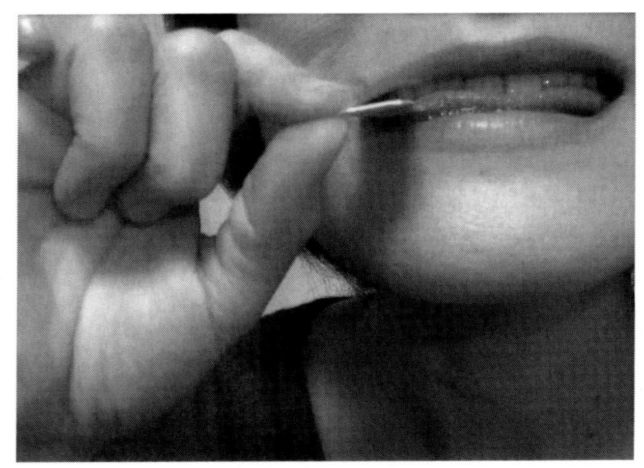

写真 14　正しくない下顎噛み
下顎で噛んでいる

注意！　下顎がついていかないこと。下顎で噛んでも意味がない。

始めは舌が上がらないため下顎が動いてしまう。大きく口を開けなくても良いので舌の端上面を感じよう。

舌は後ろへ引き、舌の奥の端面で一番奥の上歯を押すと舌が立ち上がる。

舌の奥を立ち上げることが目的であるので舌が前へ出ないように、後ろへ引いたほうがよい。

舌先は舌の前歯に引っ掛けて支点を取ってはいけない。

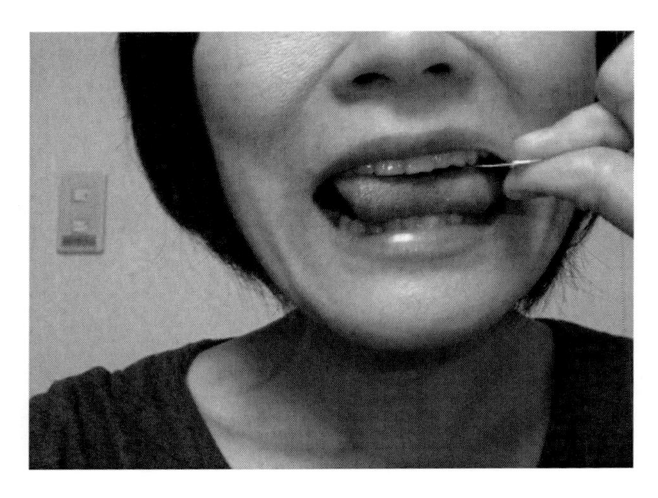

◆写真１５　舌先ひっかけダメ◆

舌先がめくれあがって、舌先で奥歯を触っているのとは違う。

舌先は前歯から離して持ち上がり、横に広がっていること。

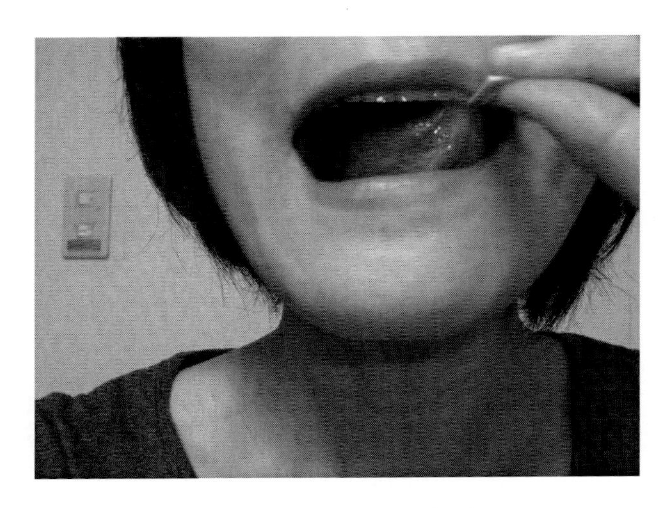

◆写真１６　舌先横向きダメ◆

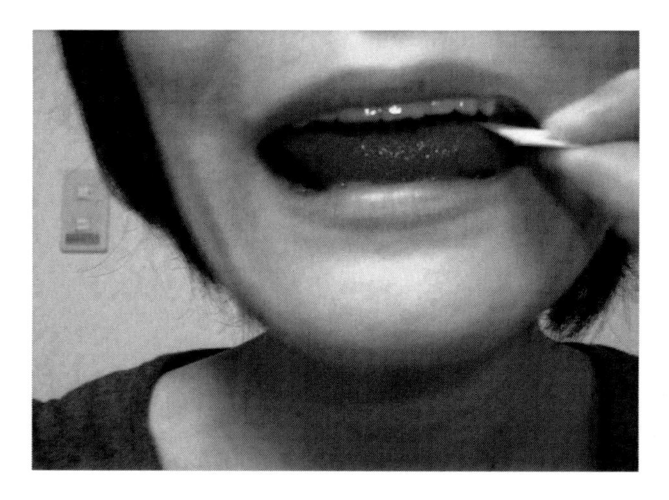

◆写真１７　正しい舌の端押し方◆
舌は後ろに引き気味でよく、舌先は緩み、横に広がっている。

もう舌の両端上面の感覚ができたであろう。**舌の幅が広がり、上方向に上がる**力がつく。舌根を縦方向に伸ばしているので、**舌本体の厚み**も出てくる。これにより舌根の力みを分散させ舌骨側に力をかけさせにくくさせる。

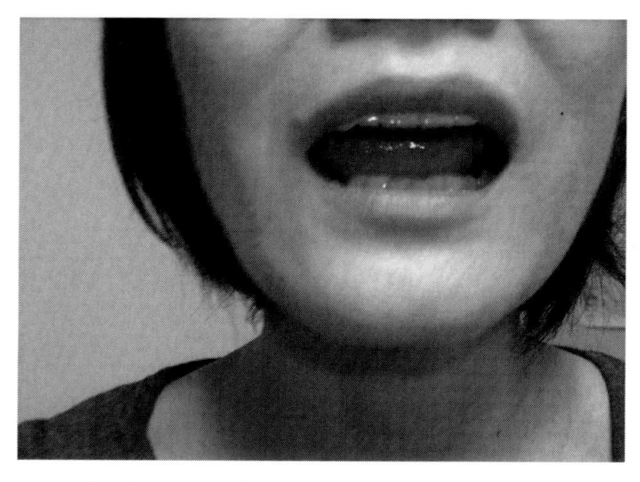

◆写真１８　紙が無くても練習できるようになる◆

今度は紙なしで舌の両端面で同時に上の歯を軽く押しながら、ゆっくり**下顎**を緩めていく。

次に、ゆっくりと**喉頭そのもの**を緩めていく。すると、温かい息をのど元に感じる。そしてさらに**舌の真ん中**を緩めていくこと。ここまで緩められるとラクに口呼吸できる。

舌を高くし、両端を広げて下顎、喉頭、舌の真ん中、舌の先、と順に切り離していくイメージを持つ。

下顎や喉頭、舌の真ん中はゆるんでいるのに舌が広がり口の中で持ち上がっている状態。

舌の両端の上面は上の奥歯に触れているだけで十分上がっているので、舌先をしっかり緩めて横に広げてみよう。**下顎、喉頭は緩めて舌は口の中でふわりと上がっている**このポジションを覚えておこう（図 8）。

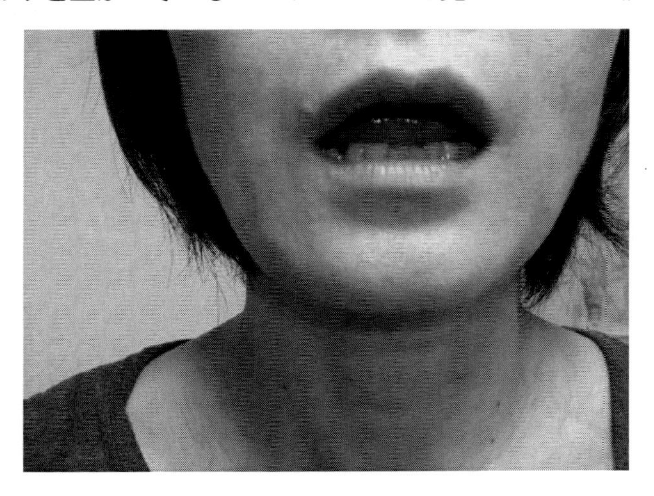

写真１９

舌端面は奥歯に触れながら、ゆっくりと下顎、喉頭、舌の真ん中と順に緩めていくこれが、下顎・喉頭・呼吸と舌の**「運動分離」**の第一歩である。

ここで、舌の両端面が横に広がるかを鏡で確認しよう。

このトレーニングで左右の上の奥歯の幅まで、**舌が横に広がるように**なったことを確認しよう。舌の先も上下の前歯の内側から離し、横に広がっていること。

そして、舌を上げて喉頭を緩めることで舌の根元が**縦に伸び、舌根を緩める**ことができるのである。**舌は上げて、喉頭は緩める**、このポジションで舌根を緩められる。

図8　舌の端トレーニング

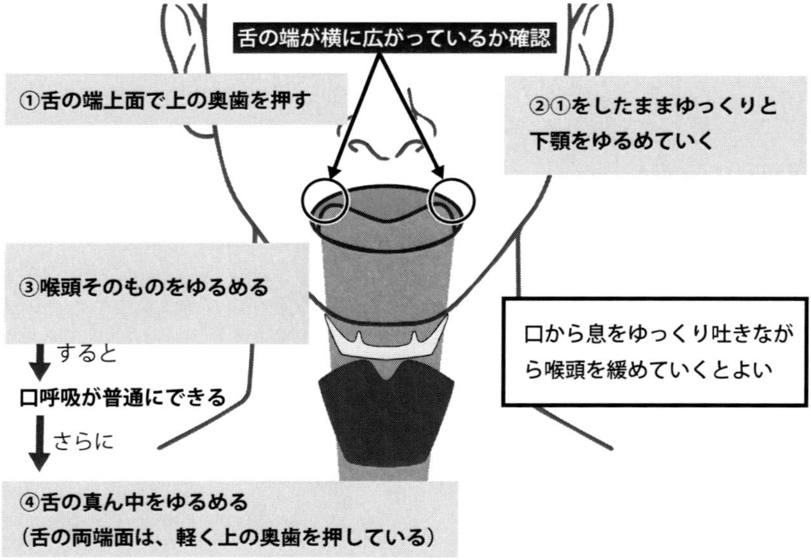

舌の端が横に広がっているか確認

①舌の端上面で上の奥歯を押す

②①をしたままゆっくりと
下顎をゆるめていく

③喉頭そのものをゆるめる

すると

口呼吸が普通にできる

さらに

④舌の真ん中をゆるめる
（舌の両端面は、軽く上の奥歯を押している）

口から息をゆっくり吐きなが
ら喉頭を緩めていくとよい

4－3　舌奥認識の舌奥上げ体操

舌の奥面（**舌奥**）を上げることで、舌奥に対して対角線状下にある舌骨中央方向に力をかけさせなくさせる効果がある。**「ka」をイメージすると舌奥が上がりやすい。**

ヒントは普段の「Ka」を言っている時、すでに　舌の奥面（舌奥）を上げ下げしているのである。

舌奥を動かしながら下顎・喉頭・呼吸を分離させるのが目的である。

やってみよう！6　舌奥の上がり

■手順

1．口を少し開け下顎を緩ませたまま小さく「kakaka」と言ってみよう。その時、**舌奥が上がり**、軟口蓋（のどちんこ）が弾かれながら口内に息を吐いている。
2．声に出さずに「Ka」を言うつもりで舌奥が上がった瞬間で止めて、緩めると舌奥が下がるのを繰り返し、この動きを感じる。
3．舌奥が上がる、緩む、上がる、緩む、の上下運動を連続でわずかに動かしてみる。
4．舌奥を動かしながら、ゆっくりと下顎、喉頭を緩めてゆき、手を口にかざし温かい息が来ているのを感じる（図9）。

注意！　舌の動きに下顎が付いていって一緒に動かないこと

図9　舌奥の上がり

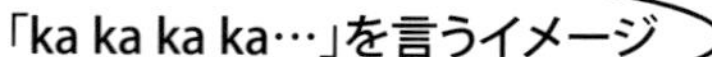

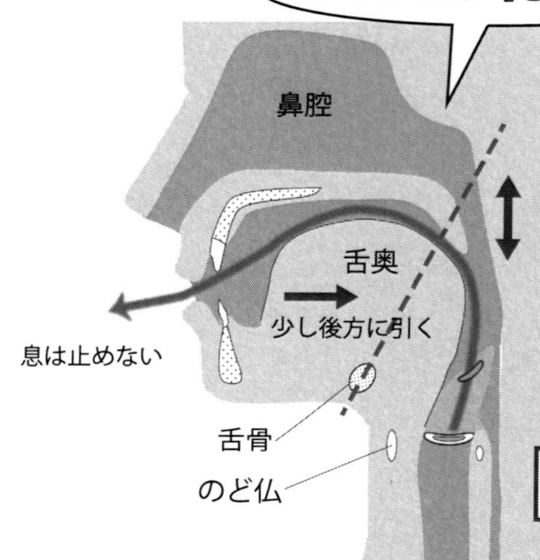

「k」の子音は舌奥が上下運動する

舌奥を動かしながら喉頭(のど仏)を緩めると口呼吸ができる

舌奥を上げることで対角線にある舌骨に加重させないようにする

舌と下顎・喉頭・呼吸の運動分離

注意

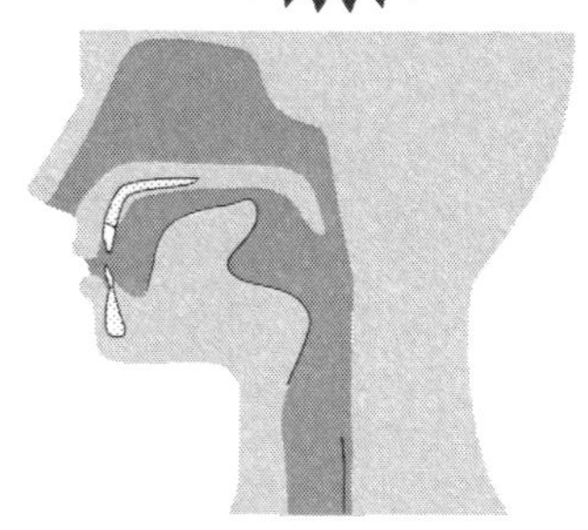

舌先が「R」のようにめくれ上がってはいけない

注意

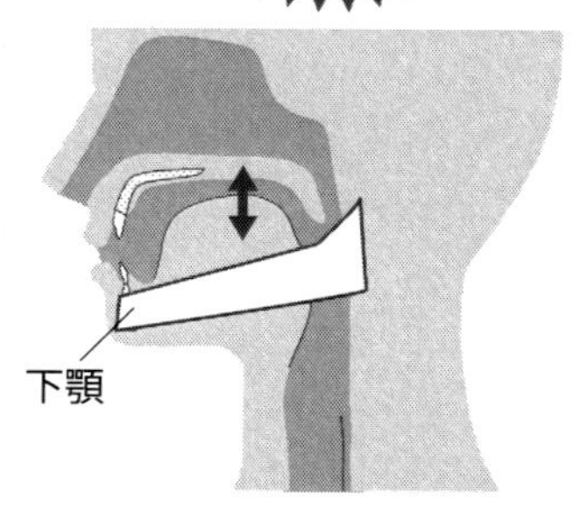

下顎は動かさない。しっかり緩めたまま「舌と下顎の分離」

ほんのわずかな動きで良いので舌奥のみを連続して上下に動かしながら、下顎、喉頭を緩め口呼吸を行う。

ここでも 「舌と下顎・喉頭・呼吸の運動の分離」を図っているのである。

注意！ 舌の先は力まないこと。舌の先と横幅が細くなっていたら意味がない。舌の先がめくれあがっていてもいけない。舌は細く中央に寄らず左右に広げて練習すること。舌の両端が上奥歯に触れるくらい横に広げながら、舌奥の真ん中の広い面を動かすこと。やはりここでも下顎が一緒に動かないこと！

トピックス 4 「当教室に来る人の職業の広さ」

発声障害を発症するに至る原因は、舌の力みが入りやすい、下顎に力みがある、呼吸に力みがある、咽頭や喉頭に力みが入りやすいなどの共通した要因がある。普段の会話なら普通の声質が、いざ職場にて緊張した場面になると舌に力みが入り声質の変化が出る人もいる。当教室に来る発声に悩む人たちの職業は多岐にわたるが、「ちゃんとやらなければ」という緊張が発声器官の力みとなりやすいという共通点がある。

やはり多いのはまさに自分の声そのものが売りの一見華やかに見える職業だ。局のアナウンサーや声優、ナレーター、俳優、歌手など。TV でも顔の売れているメジャーな歌手、タレントでさえも、人知れず発声障害に苦しんでいる場合もある。また、クラシック声楽界の大御所であったオペラ歌手が中高年になり発声障害になってしまい、ひそかにレッスンに訪れる例もある。発声が少し崩れただけでも以前と同じパフォーマンスができなくなるのである。

また、コールセンターやITオペレーター、電話交換士、管制官など、声だけで見えない相手とやり取りするような仕事も、インカム越しにハッキリ滑舌良く話そうとするあまり舌に力みが入り、長年勤務していたのにも関わらず発症する人もいる。バスの運転手やＪＲの車掌さんもいた。

また、声を使ったあいさつや定型文を頑張って話そうとしてしまうのは接客業だ。キャビンアテンダントや美容師、銀行員や郵便局員の女性も数多い。窓口という意味では薬剤師の女性もいた。憧れのアミューズメントパークでのアルバイトで長時間声を酷使して発声障害になってしまった学生も多い。飲食業やサービス業での仕事がきっかけで発声障害になってしまい好きな仕事を離れざるを得なくなることは本当につらいことであろう。

騒音下で大きな声を出せなくて困るという悩みがあったのは航空の整備士や、下水処理場や工場などで働く職員の方。また大きな掛け声や返事などができなくて困っている消防士もいた。

また、新卒で念願の小学生の教師になれた女性も１年余りで発声障害になり休職してしまったケース、保育士やスポーツインストラクターも大きな声を出す機会が多いためか声に負担が大きい職業だ。業務の報告会などが多いためか看護師の方も数多くいる。

やはり男女問わず一番多いのは、ビジネスパーソンである。電話応対やミーティング会議、職場内でのやり取り、講習、挨拶等で「きちんと話さなければ」という思いが身体の力みになる。仕事に対し真面目な人だからこそ余分にのどに力を入れてしまうのだ。

また、遠方から発声改善のために通ってくる僧侶の方も何人もいた。１回の法事で小１時間位はずっと声を出さなくてはならないそうだ。それが一日何件も続くお盆、お彼岸の時は夕方には声が出なくなるそうだ。声を出すこと自体に非常な苦労が伴ってしまってはなんと大変な仕事だろう。

これらの職業の人皆が発声障害になるわけではない。むしろ普通の人より「自分の声を良くしたい」「もっといい声を出したい」「ちゃんと話さなければ」といった声に対する意識が高いからこそ発声器官を頑張らせ過ぎてしまったのである。自分の本来の声の高さ、ありのままの声質ではいけないという思考のバイアスがかかってしまう事は声にとって非常に危険である。

第5章
舌引き・舌奥上がりの「ん」

口腔内で舌を上げたまま声帯を振動させることを行う。それは「ん」を言う時にヒントがある。

舌が若干後ろに引かれ舌奥が上がった形で「ん」が楽に言えることは、対角線にある**舌骨中央方向に力をかけないで声帯を鳴らす、**ということである。

5－1　通常の「ん」

やってみよう！7　舌骨触れの「ん」

■舌骨触れの「ん」 手順

1．舌骨中央に軽く指を触れる。

2．そのまま「ん」と言ってみる。

舌骨に触れている指が弾かれた感覚が来たら、良くない。

またのどが絞まる感じがしたら舌根が力んでおり、声帯も閉まりすぎているのである。

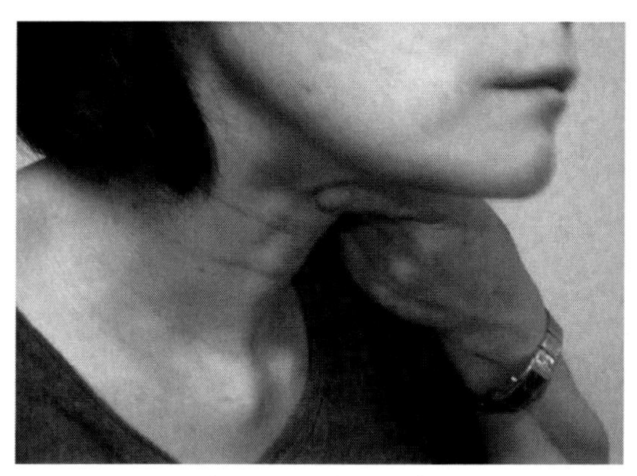

写真 20　舌骨触れの「ん」

5−2　舌骨に加重しない「ん」その①

やってみよう！8　舌骨に加重しない「ん」の仕方

■手順

1．口をわずかに開け下顎を緩める。

2．舌骨中央に軽く指を触れる。

3「下顎緩めの唾液のみ」をイメージし、舌面を口の中の上天井に付ける。

4．３の状態から舌の高さはそのままで舌骨（喉頭）を緩ませて「ん」と言う（図 10)。

ここがポイント

舌面の高さをキープしながらゆっくり喉頭を緩ませて「ん」と言う。

舌を少し後ろに引いた舌奥の高さを残しながら、ゆっくり落ち着いてやれば喉頭は緩められる。

指を当てた舌骨が弾かれないで､「ん」が言えたら舌骨中央に加重していないという事だ。

注意！　舌を後ろに引く際、舌先が「R」のようにめくれあがってはいけない。

「ん」の時､声は舌面が口への出口をふさいでいるので口腔内に来ていない。それを口に手をかざして確認しよう。むしろ声が口に来ていたら、それは正しく「ん」ができていないということだ。

図 10　舌骨に加重しない「ん」の解説

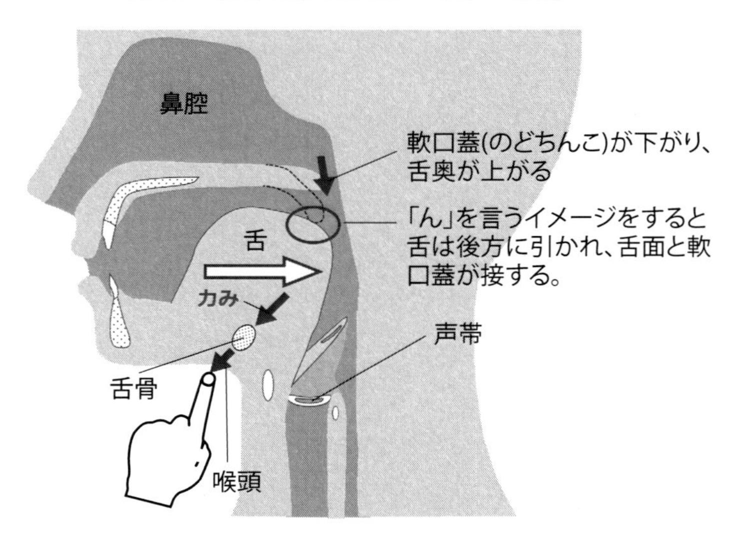

舌骨にあてている指が弾かれたら、舌根に力みを入れながら発声している。

「ん」の声は鼻腔に響く(口に来ない)

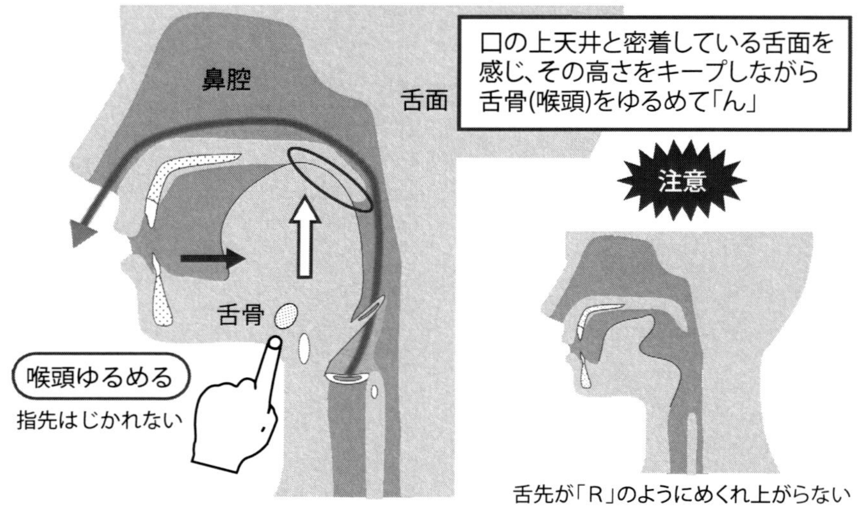

舌の上面が口の上天井に接しているのを感じながら、舌骨＝喉頭を緩め「ん」が言えた時、**舌根を緩めながら声帯を鳴らせた**という事である。

この時、舌が立ち上がったまま声帯振動できているのである。舌が下へ押し込む方向への力は起きていない。のどが閉まると感じる時は舌根が力み、舌を引き下げる方向で声帯を押し込みながら声帯閉鎖しているのだ。

ここでの練習は、「ん」の時は舌面と軟口蓋が接しているため**声は口には来ておらず鼻腔メインに響いているが、声帯振動は良い状態**である。この時の楽に鳴らせる声帯の感覚を覚えておこう。「ん」以外の母音は口腔内に来るのであり、のちにその方法を学ぶ。

5－3　軟口蓋広げの「ん」

軟口蓋（俗にいうのどちんこ）の力みを入りにくくさせる、鼻孔脇引き上げの「ん」をやってみよう。

鼻腔脇の高さの顔面内側から軟口蓋の筋膜が出ており、**鼻孔の両脇を指で思い切り上へ押し上げて、**引き上げておくことで軟口蓋を力ませないようにさせる効果がある。

軟口蓋（俗にいうのどちんこ）が広くなると、咽頭筋に力みが入るのを抑制することができる。

やってみよう！9　鼻孔脇引き上げの「ん」

■手順

1．唇を離し口を開ける。

2．鼻孔の両脇を指で思い切り上へ押し上げる（**軟口蓋を緩めて上に引き上げる効果がある**）。

3．舌を軽く後方に引いて下顎・喉頭をゆっくり脱力させる。

4．裏声を出すつもりの高めの地声で「ん」を言う。

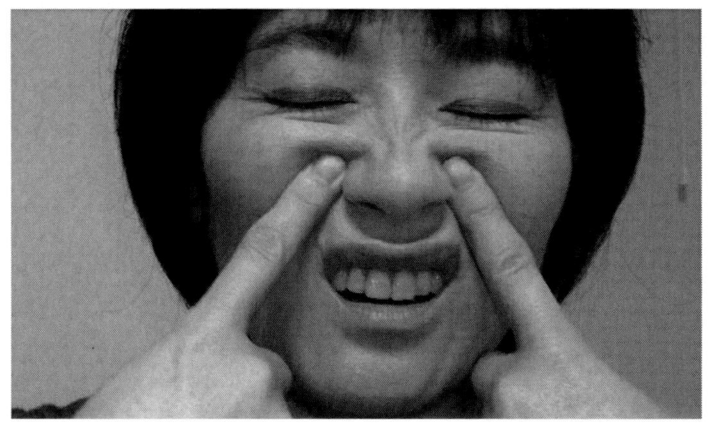

写真２１　鼻孔脇引き上げの「ん」

鼻孔の両脇から筋膜となる軟口蓋を引き上げて、下顎を緩めたまま舌を後ろに引くと声帯は楽に振動できる。

軟口蓋が力まないで広がっていると声帯は楽に鳴らせる。

5−4 舌骨に加重しない「ん」その②

さらに舌骨（舌根）を弾かない「ん」のやり方。

やってみよう！10 下向きの「ん」

■手順

1．首を前屈し（顎先が鎖骨に付く位）、首裏を脱力する。
2．唇を緩ませ下顎・喉頭を緩ませる。
3．舌を後ろに引き（下顎緩めの唾飲みの途中）、舌面を口の上天井に軽く密着させる。
4．舌の高さはそのままで喉頭を緩ませて高め声のトーンで「ん」と言う（鼻筋に響いているのを感じる）（図 11）。

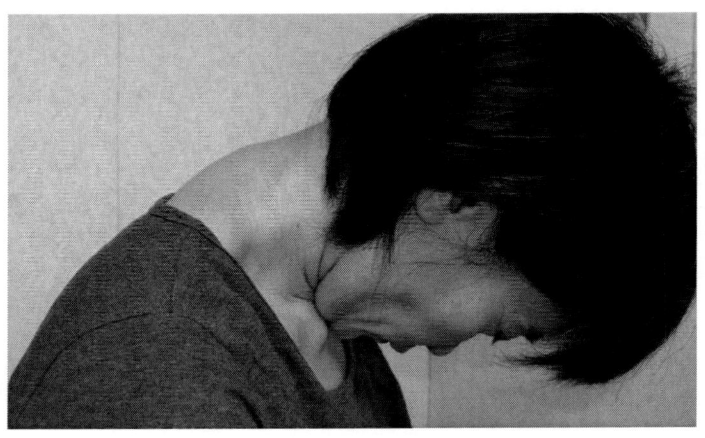

写真２２ 下向きの「ん」

首を完全に前屈させると舌が立ち上がった状態と同じになり、喉頭に力が入れられない状態に近い。そのため「ん」がラクに声帯閉鎖し振動できる。

首を前屈させた「ん」の時舌は**口の中でしっかり後方に引かれている。** **舌根に力みが入りにくくなり**舌骨（喉頭）に加をかけずに声帯が作動できている。

首前屈の「ん」ができたら、顔を上げて、同じようにやってみよう。

注意！　舌の引きがあまいと、声帯がきちんと息をとらえられず「ん」にならない。先に鼻に強く息を抜きすぎても声帯は鳴らせない。「ん」が鼻に抜けすぎたり、うまく声にできない場合は、先に7．舌根弛緩止気発声法　から行っても良い

図 11　下向きの「ん」

首を前屈させると舌が立ち上がりやすく上方向の力を得やすい
↓
舌骨側に力がいかない
↓
声帯が鳴らしやすい

軟口蓋と舌面が密着
口の出口をふさいでいる

舌奥引き

舌骨

鼻筋に響いて振動を感じる

「ん」

「下向き」は舌骨を弾かせないようにさせる

トピックス５ 「発声機能の回復とは」

当教室における多くの臨床において、発声障害の発生機序が次第に分かってきた。皆、類似した症状がみられる。重症度は身体の力みの箇所がいくつ重複しているかによる。これまでにその人が話すためにいろいろ自分なりに工夫していればいるほど回復に時間がかかる。ある意味独自のやり方が確立していればいるほど難しくなるという事である。いくら声が途切れ途切れで重そうに聞こえても、力んでいる部位が一つだけであれば回復は早い。

発声障害は、声帯の鳴らし方（声帯閉鎖）の癖と、ことばのつけ方（構音）の癖とが、重複している。声帯の合わせる位置が生来の位置からズレて強く閉めていると、構音点がのどの奥にずれこんでことばにする瞬間息を止めていたりする。この声帯閉鎖の癖と構音の癖を舌や喉頭の力みを支点にして何とかやっているが、結局身体的にきつい。

以前は声優として活躍していたある男性は現在当教室に通って１年になる。来た当初は通常の会話時の声の途切れ、つまり感、声の揺れが重度で、顔面、特に口の周りのこわばりが顕著であった。まず下顎の力みが特にひどかったのでそこからアプローチを開始した。そして呼吸機能や顔面筋や、もちろん声帯閉鎖の強度などを緩めていきながら発声するレッスンを繰り返し行い、今は通常の会話時ならスムーズに声が出て話せるし、ほとんど完治したかと思えるほどである。しかし、苦手な子音、特定のことばの並びの時にだけ舌の力みが瞬時に入りこみ声がひずむ。つまり構音障害の様相を帯びているのである。重複していた顔面や下顎、舌の力みなどをひとつづつ取り除き、取り除いていったものの、特定の子音にだけ残存しているといった感じだ。

発声機能の回復とは、身体のどこも力まないでできていた発声に近づいていくことである。しかし今度は意識をして、正しい発声の状態を理解しながら再学習をする。よく生徒は私に聞いてくる。「じゃあ話す時、どこに力を入れればいいんですか？」と。身体のどこかに力を入れなければ声は出ない、という思い込みをまずは取らなければならない。むしろ発声器官のどこにも力を入れないことを意識して学ばなくてはならないのである。

第6章
母音

ここから「ん」の状態から母音にする方法を学ぶ。「ん」の状態ならラクに声帯が鳴らせるのに、a、i、u、e、o の母音になると楽でなくなるとしたらそれはなぜか。それは舌根が力んで舌を引き込みながら、声帯に力がかかる発声になっているのである。と同時に**軟口蓋（のどちんこ）に力が入り込んでいる**ことが多い。

口を大きく開けた時に見えている範囲の口の中を咽頭（いんとう）というが、咽頭の奥のほうに俗に言う「のどちんこ」（口蓋垂（こうがいすい））が見える。これを含む口の上天井の奥の柔らかい部分を軟口蓋（なんこうがい）といい生理的に持ち上がったり下がったりしている。軟口蓋は鼻腔と口腔とを仕切る筋膜で、**咽頭が緩んでいると上がるが、力むと引き下がる**という性質がある。

「ん」の時は舌面の高さは上がり軟口蓋の面は引き下がっており、両者が完全に接触することで口腔への入口を塞ぐため、声は鼻腔によく響き口腔内には来ていない。「ん」以外の母音は、逆に軟口蓋が上がって鼻腔への入り口を軽く閉じて声は喉頭から直に咽頭に入り込み、口腔内の空間で響き、口唇から外界へ抜けていく。この声の通り道を**声道**（せいどう）という（図 12）。声が鼻に抜けず声道に安定的に来るようになると発声障害は各段に改善するのだが、軟口蓋の力みが邪魔をしているのである。

力んだ発声が軟口蓋を下げてしまうため「ん」以外の発声も軟口蓋が下がるよう習慣づいてしまうのである。ゆえに声が鼻に抜ける。それを生理的に抜けさせまいと反射的に咽頭全体が力んでしまうのである。

軟口蓋（のどちんこ）を横に広げあくびをするようなイメージをすると咽頭全体が広がり軟口蓋が引きあがりやすくなる。また喉頭（のど仏）を脱力させ、笑うイメージを持つと軟口蓋も緩んで上がりやすくなる。そこへ喉頭内の声帯で作られた音源が咽頭（**のど元**）に入ると、軟口蓋は気流に吹き上げられさらに持ち上げられ声が口腔内に来る。あとは舌の形によって母音が決定づけられ口腔内で良く響き口唇から外へ抜けていく。

母音発声時に重要なことは､「ん」と同じくらいの高さで**舌面が下がらないことと、軟口蓋が緩んでいること**である。舌面が下がらないとイメージすることで舌根に力みが入らず軟口蓋も緩み、声が口腔内に来るようになるのである。軟口蓋が緩むと舌もよく持ち上がるようになり、咽頭全体が広がる。広がった咽頭には、喉頭で鳴った**声がのど元に直接入ってくる。**

6－1　軟口蓋の上げ下げ「ん」「あ」

まずは「ん」から「あ」にしてみよう。

やってみよう！11　軟口蓋の上げ下げ「ん」「あ」

■手順

1．口を少し開けて舌を横に広げ舌面を口の上天井に付け、下顎・喉頭を緩ませながら「ん」と言ってみる。
2．「ん」を言ったまま**舌の高さをなるべく下げない意識**で「あ」と言ってみる（図 12）。

図 12 「ん」から「あ」

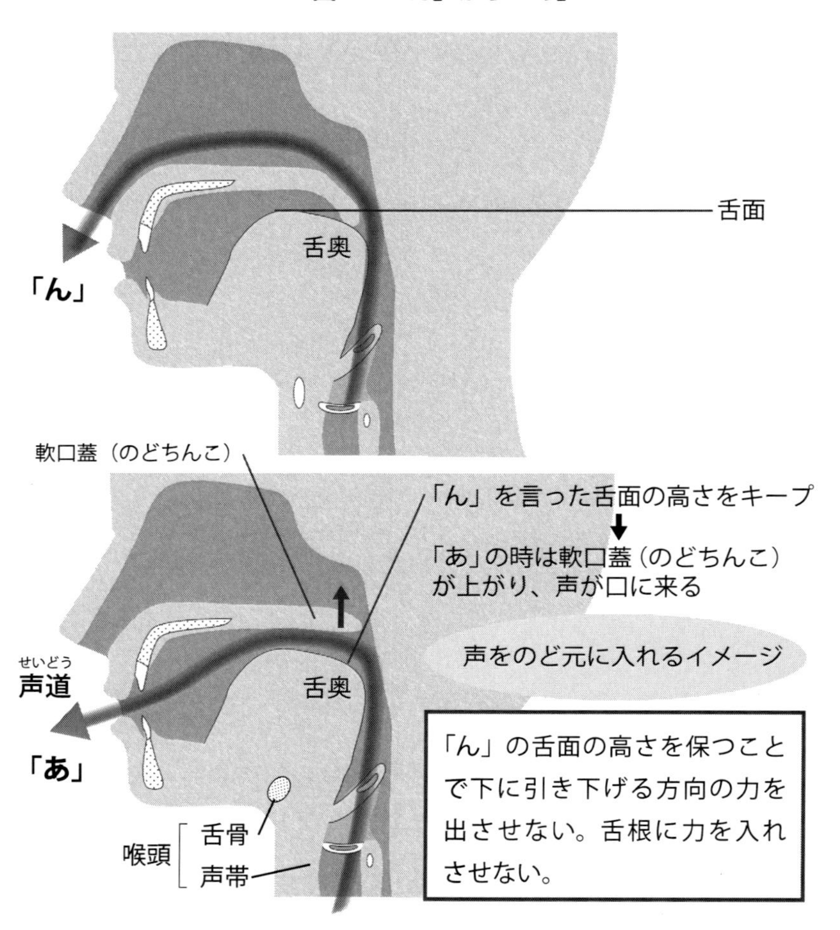
舌面
舌奥
「ん」
軟口蓋（のどちんこ）
「ん」を言った舌面の高さをキープ
「あ」の時は軟口蓋（のどちんこ）
が上がり、声が口に来る
声をのど元に入れるイメージ
せいどう
声道
舌奥
「あ」
「ん」の舌面の高さを保つことで下に引き下げる方向の力を出させない。舌根に力を入れさせない。
喉頭
舌骨
声帯

「ん」を言った舌の高さから下げないで舌の真ん中を緩めながら「あ」と言うと軟口蓋が上がり、声が口に来る。

喉頭で生成された**「あ」が、のど元に直接入ってくるとイメージ**してみよう。声をのど元に感じさえすればすでに口腔内に来ている。喉頭内で鳴った声は、舌も軟口蓋もどこも動かさなければ口にくる。

喉頭内の声帯は舌より下にあるので、舌が緩んでいてもその下の声帯は鳴らせることを思い出そう。舌の高さを「ん」から変えずに、温かい息と声が口に来ると舌根が力まず声帯のみが作動できる。

口の中の上側に軟口蓋（のどちんこ）、口の中で舌が高めに浮かせるようにして位置し、舌の下側は舌骨（喉頭）がある。舌の上側も下側も緩ませ、舌のどこも力まない、舌と軟口蓋を全く動かさなくても声帯は鳴らせる。

「あ」から「ん」の繰り返し

■手順

1. 口を開け、舌面を横に広げて「ん」が言いだせる高さにする。
2. **舌面が下がらない意識で、舌の真ん中を緩めながら**「あ」と言う。
3. **喉頭を１回１回緩めながら**交互に「あ」、「ん」、「あ」、「ん」と言う。

「あ」は声がのど元から口へ来る、「ん」は口に来てない、ということを交互に感じること。

舌の高さを変えない意識で言っても実際には「あ」の時は舌面がわずかに下がっているのだが、下がりすぎなければよい。舌が力みさらに**軟口蓋まで力んでしまう**と声がつまってしまう。**口の上天井を横に広く感じ**、舌の幅も広くして笑うイメージを持つと軟口蓋は上がりやすくなる。

6－2　母音の基本形「う」

声が喉頭〜咽頭〜口腔と来ている５つの母音「あいうえお」は、音響学的に声帯振動自体(声帯原音)は常に同じである。では何が母音の変化を生むのかというと、**口腔内を前後する「舌の位置」と「舌奥の高さ」の違い**で声道内での声の響き方が変わり、５つの母音の違いが生まれる。

母音「う」は、「ん」とほとんど同じ高さくらいの舌面の高さのまま、「言おう」せずにできるだけ「ん」を言いながら舌面が軟口蓋からわずかに離れながらうなると「う」になる。「う」は、**「母音の基本形」**である。「う」が楽にできることで他の母音への移行がスムーズになる（図 13)。

図 13　母音の基本形「う」

「う」がラクにできると他の母音に移行しやすくなる

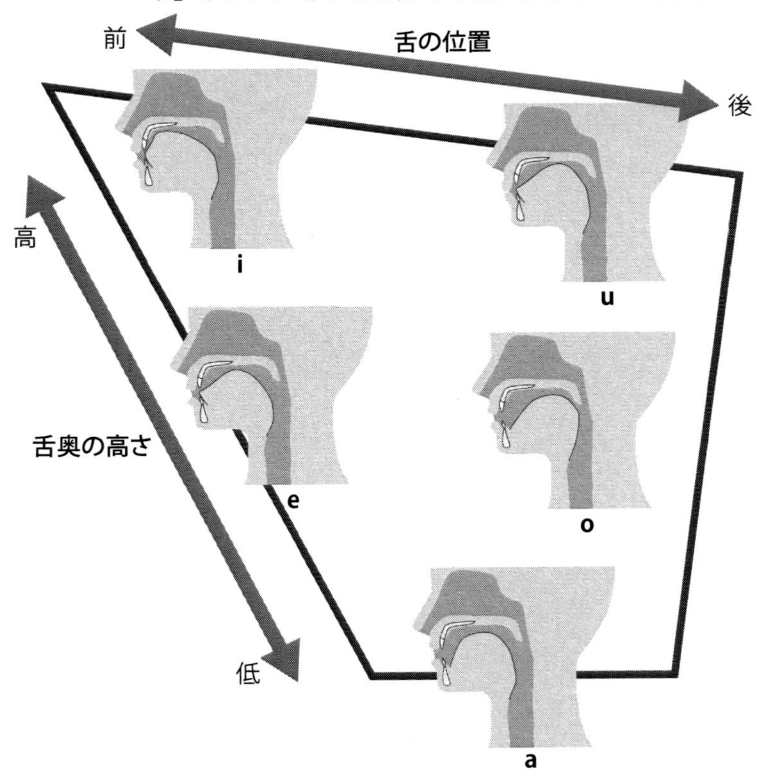

音声学的な舌の相対的位置

「新編　声の検査法」よりシネ MRI
医歯薬出版 (株)

やってみよう！12　下向きの「ん」から「う」

■手順

1．首を前に折り（顎先が鎖骨に付く位）、首裏を緩ませる。

2．唇を緩ませ、舌を後方に引き（首の後ろに近づけるイメージ）、舌奥面が口の上天井に接する。

3．喉頭を緩ませ、鼻筋の中央に向かって高めのトーンで「ん」と言う。

4．「ん」の**舌面の高さを変えない意識で、舌の真ん中を緩めて**「う」と言う。

口の上天井と舌面が接触している「ん」からわずかに舌面が離れた「う」が口腔に来ていることが感じられたら顔を上げて、舌骨に手を触れながら同じようにやってみよう。指が舌骨に押されず、なるべく動かないことを確認する。

ここがポイント

舌面をほとんど下げないイメージで、のど元でうなるように言う。

「ん」の舌面の高さから口の上天井で舌面がほとんど離れていないわずかな隙間に声が口に来る。

はっきり「う」と言おうとすると、舌が力んでしまうので、「ん」を言った声帯の状態から舌を動かさない意識で**うなるくらいで良い。**そのくらい曖昧な感じでうなれば「う」の舌の形状になっているので「う」に聞こえるのである。

<うなるとは……>

驚いた時や、あくびの後、などにも声は出る。**ことばを言おうとしていない時に出る声帯振動音**のこと。泣き真似や笑うイメージをしても声帯は鳴らせる。

顔を上げて鼻孔脇引き上げの「ん」から「う」の移行もやって、軟口蓋が上がる練習もしてみよう。

■手順

1. 鼻孔の脇を人差し指で押し上げ、舌奥を後ろに引き、舌奥面を軟口蓋に付け喉頭を緩め、「ん」を言う。
2. 「ん」の舌の面の高さから下げない意識で喉頭を緩ませ、うなるように声をのど元に入れるイメージをしながら「う」と言ってみる。
3. 喉頭を一回一回緩ませながら「ん・う・ん・う・」と交互に行う(図 14)。

図 14 「ん」から「う」

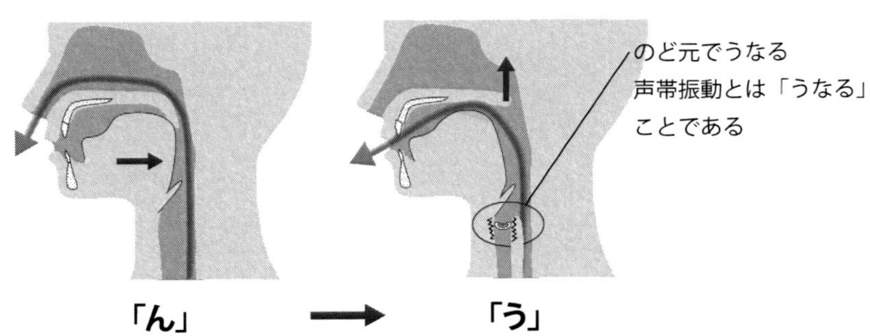

「ん」 → **「う」**

「ん」
- 舌を後ろに引いている
- 軟口蓋が下がっている
- 舌奥の山の高さは高い
- 軟口蓋と舌奥面は接している

「う」
- 舌奥の山の高さはほとんど変わらない
- 舌全体の形は「ん」とほとんど同じだが、軟口蓋が上がり、声はのど元に入って口にくる。

6－3　舌奥の山の高さの移動「う」から「い」

やってみよう！13　下向きの「う」から「い」

■手順

1．首を折り首裏の力を抜く。
2．下を向いたまま舌を引き「う」とうなるように言う。
3．舌奥の一番高い山の位置が、「う」を言い続けながらローラーのように口の上天井側をスライドして、前方に移動させながら「い」と言う。
4．「う」を言いつつ、舌奥の山の高さを移動させながら「う・い・う・い・う・い」と交互に強く言いすぎないように変えてみる（図15）。

下向きでできたら、顔を上げて同じようにやってみよう。

●なぜ「い」なのに「う」を言うつもり、が重要なのか？

「う」を言うイメージを持つことで舌奥の高さを保ち声帯振動をキープする効果がある。はっきり「い」と言おうとすると声が途切れる。**「う」を言い続けることをイメージすると声帯振動を持続できる。**あとは舌奥の山の高さの前後の位置の変化のみで母音は移り変わることができるのである。

声帯閉鎖、強度、振動状態は同じままで、舌奥の山の高さ位置が変わることだけで母音を移行させることができる。この時舌や咽頭に力が入っていては子音付加する際さらに舌の力みが加算されてしまうので、まずは母音が声帯の閉めすぎが無く楽に移行できるということが、声のつまりやとぎれを無くすための大前提となる。

図15 「う」から「い」

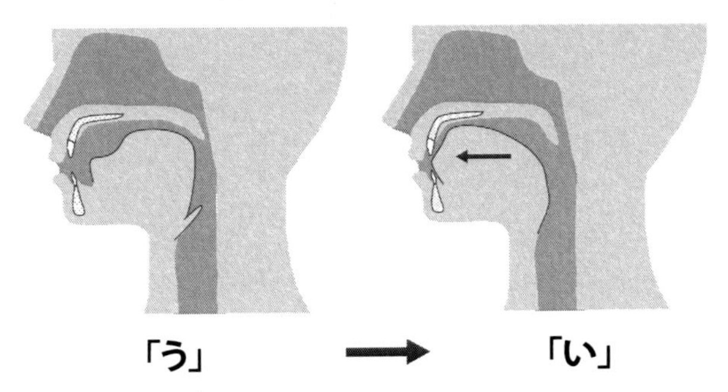

「う」 → 「い」

「う」の舌奥の山の高さがさらに硬口蓋に上がりながら前方に移動すると「い」になる

6－4　舌引きの「う」から「お」

やってみよう！14　舌引きの「う」から「お」

■手順

1．舌を後ろに引いて「う」を言ってみる。

2．舌奥を上方向に感じながら、「う」をもう一度言うつもりで「お」と言う。

3．のど元に「う」をうなるイメージで「う」「お」「う」「お」と交互に言ってみる。

「う」の時の舌面の高さから下げない意識で「お」にすると、軟口蓋が上がりやすい。

6−5　舌を横に広げる「え」

やってみよう！15　舌の幅の違う「お」「え」

■手順

1．「う」の舌ポジションから「お」と言う。

2．舌面が下がらないように舌を横に広げると「え」になる。

3．1回1回喉頭を緩ませて「お」「え」「お」「え」と繰り返す。

「お」と「え」の舌奥の山の高さは同じだが、「え」は舌が横に広がり、わずかに前方に来る（図13)。

母音「う」や「お」は、舌を後ろに引くと出しやすい。

「い」や「う」は舌奥の高さが高い母音である。

母音「あ」は舌奥の高さが最も低くなる母音で、舌奥の「い」の高さと「あ」の高さの中間は母音「え」である。

「言おう」とすると舌が力んで、舌根が引き込まれてしまう。なるべく**前の母音を言った舌の高さでほとんど下がらないようなイメージ**で「う」とうなる延長で母音を言ってみよう。**舌を下げないように意識するだけで舌根に（舌骨に）力がかからない状態で声帯振動を持続させることができる。**

トピックス 6 「解明されていない痙攣性発声障害」

今「痙攣性発声障害」という現代病ともいうべき障害が増加の一途をたどっている。「声の不調」を感じて大きな大学病院や総合病院、耳鼻科等に行って診察を受ける人は一握りで、潜在的には全国に20万人いると推定されている。（読売中日新聞）声の出始めの第一声目や、話す途中に声の震えや声の途切れを感じる。またのどが締め付けられたような絞り声、声のかすれ、等々「声が重い通りに出せなくなる」という症状を呈する。

症状的に「ジストニア」に似ていることから近年「痙攣性発声障害」という病名がついた。検索キーワードでもすぐに出てくるくらいになった。声の絞扼感の強い場合は「過緊張性発声障害」ともいわれる。声帯そのものには声帯ポリープや声帯結節などの器質的な異常がない場合、大きなくくりでは「機能性発声障害」と言われることもある。しかし病名が付いたところで医療機関では手の施しようがなく、あるのは声帯筋肉除去手術やボツリヌス毒素注射やチタン挿入術などの「対症療法」のみである。原因が解明されていないがゆえに「脳の病気」か「心の病気」だろうということにしている。

これは私の独自の見解ではあるが、発声障害の根本原因は「舌の力み」だと思っている。舌とは舌骨を起始とする巻貝のような形で、ミルフィーユのように何層にも筋が重なっている。そして周辺の骨から舌につながる筋（外舌筋）もある。また巻貝のような形であるがゆえに、舌に入る力は、中心部の筋層（オトガイ舌筋と推測する）に集約されていく。ある一定の範囲を超えると、隣接する舌骨に力がかかってしまい声帯にも力がかかるのである。これがもとで様々な発声器官の力みの連鎖が始まる。

当教室に来ている生徒の中にはレッスンをしていくうちに、この舌の中心部の筋層に入る力みの感覚を認識できる方もいる。その生徒によると、そこが力んだ時に声のつまり感が出て、のどの締め付け感が出てくるという。そして、その生徒はこの舌の中心部の緊張が入ったことで起こる「やりにくさ」を回避するように話すようにしていたという。そうして工夫していくうちに二次的な運動神経回路ができあがってしまうのだ。

舌が習慣的に力むようになり、生来の舌のあるべき位置、形状から崩れてきた時、発声時に「舌の中心部（舌根）の力み」が起こりやすくなるのではないか。生徒達が口にする「ある時、どうやって話していたか分からなくなった」という感覚が起こる。

次第に「舌根の力みが入った状態で発声する」という共同運動化が進むと、逆に舌根の力みを支点にして話していくやり方を、身体が学習するようになってしまうのではないか。

「いったんスイッチが入るとなかなか抜け出せない」と生徒達が言う。脳神経の一つである舌の運動をつかさどる舌下神経が更新状態になってしまうのだ。舌下神経は舌の至る所へ枝分かれして伸びているが舌の中心部の筋収縮の神経枝が、より他の舌下神経枝と比べ強化されてしまっていると推測する。ピンポイントでその神経枝の亢進状態を瞬時に緩められる手立てがないものか。

ゆえに、舌の両側や舌を後ろに引くような他の舌下神経枝の回路を強化し、また舌奥を動かしながら発声するというのも、「舌の中心部への力み」の度合を相対的に減らしていくことを目的としているのである。

第7章
舌根弛緩止気発声法

ぜっこんしかんしきはっせいほう

7－1　舌根弛緩止気発声法

やってみよう! 16―①　舌根弛緩止気発声法の「え」または「あ」........ ✓

やってみよう! 16―②　舌根弛緩止気発声法の「え」と「あ」の交互..... ✓

7－2　舌根を緩ませながら声を出す

やってみよう! 17　舌動かしの「ややややや」................ ✓

やってみよう! 18　舌奥を動かしながらの「えあえあえあえあ」... ✓

7－3　舌を引いて動かしながらうなる

やってみよう! 19　舌動かしの「うおうおうおうお」....... ✓

7－4　舌を横に広げて動かす

やってみよう! 20　舌動かしの「いえいえいえいえ」...... ✓

7－5　舌面が下がりすぎない「あ」

やってみよう! 21　舌動かしの「あえあえあえあえ」...... ✓

7－6　声を出しながら舌を動かす①

やってみよう! 22 舌動かしの「うおあ　うおあ　うおあ」..... ✓

7－7　声を出しながら舌を動かす②

やってみよう! 23　舌動かしの「うおあえい　うおあえい　うおあえい」.... ✓

■トピックス 7　「発声障害発症の若年化」

「ん」以外の母音は、舌面を下げずに（舌根を力ませない）声が口腔内に入ってくることを理解した。さらに舌根を力ませずに声帯のみを瞬時に作動させる「運動の分離」を推し進め、より声帯振動がレベルアップできる方法を紹介する。**呼気と声帯振動開始のタイミングを完全に一致させ**呼気変換率をアップさせる。

呼気と声帯振動のタイミングを完全に一致させ本来の状態に戻すヒントがこの**「舌根弛緩止気発声法」**®である。

- 舌面を下げずに喉頭を緩ませることで舌根を脱力＝**舌根弛緩**
- うがいのイメージで生理的に息の流れが止まり、息の吐きすぎや止めすぎを防ぐ＝**止気**
- 舌、咽頭、喉頭を力ませずに声帯振動を始める＝**発声**

7－1　舌根弛緩止気発声法

やってみよう！16―①　舌根弛緩止気発声法の「え」または「あ」

■手順

1．少し上を向いて口を開け、舌を少し横に広げ、両端が奥歯に触れるくらいの高さで下顎を緩ませる。

2．舌面の高さはそのまま高い位置で**軟口蓋、喉頭（のど仏）と緩めると**、のど元に温かい息を感じ、口呼吸ができる。

3．**舌を下げないように意識しながら**息は吸わずに、**「うなる」イメージ**を持ちつつ何の母音でもなく声を出す。下顎がしっかり緩んでいれば「あ」に近い音になり、舌が横に広がって上がっていれば「え」に近い音になる（図 16）。

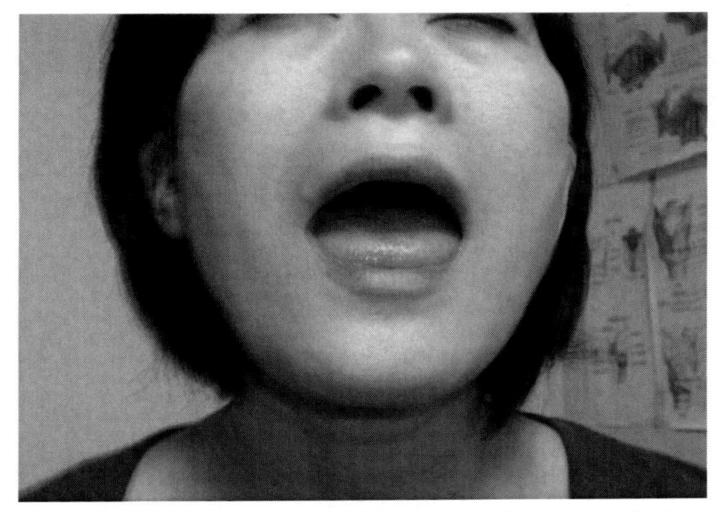

写真 23　喉頭を緩ませながら、舌を下げないように、うがいのイメージでうなる

図 16　舌根弛緩止気発声法の「あ」または「え」

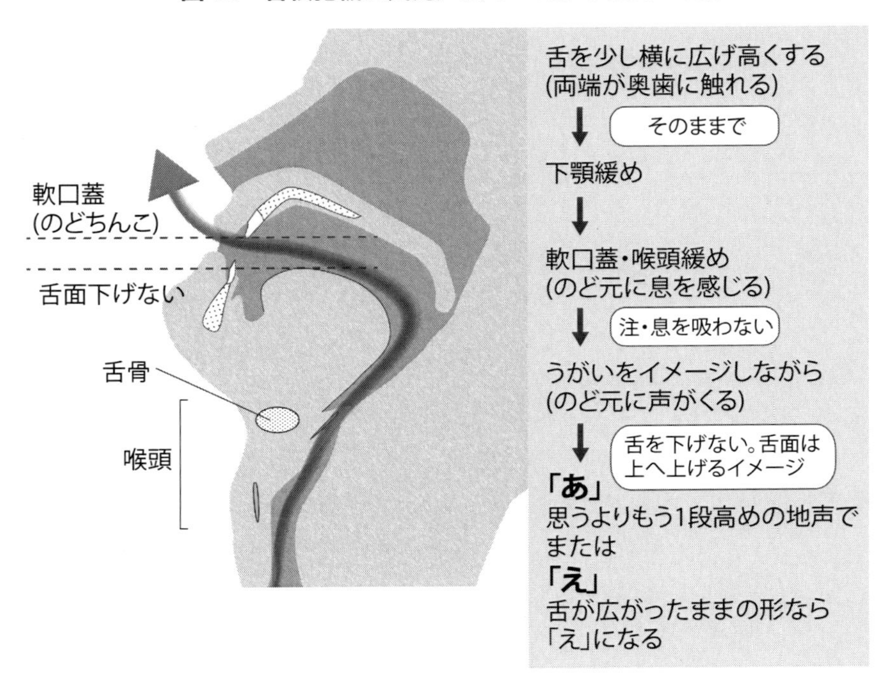

①舌を少し横に広げる

舌を横に広げ舌の両端面が奥歯に軽く触れるくらいで舌の高さは十分上がっている。そこから下顎を意識的に緩めよう。「舌と下顎の分離」が図れる。

② 軟口蓋（のどちんこ）は横に広いイメージを持つ

笑うイメージをもつことで口の上天井側が少し横に広がり、軟口蓋（のどちんこ）が上がることで咽頭全体を力ませない抑止力になる。ここでは軟口蓋が下がる「ん」の状態になってはいけないのである。

喉頭を緩ませた後は息を吸わず、うがいのイメージでのど元に息と声が入ってくると、軟口蓋はさらに持ち上がる。

③喉頭を緩める意識を持つ

落ち着いて、舌の上面の高さを残しながら、ゆっくりと喉頭を緩めていけば、コツをつかめる。

喉頭（のど仏）を緩められた瞬間、のど元に温かい息を感じるはずだ。そのまま口呼吸ができる。

④うがいのイメージで息と声がのど元に入ってくるイメージ

「うがい」の状態で呼気がのど元に来るイメージをもって、何の母音でもなくただうなり声（泣き真似をするようなイメージ）をあげてみる。「言おう」としないでも声帯振動はできるのである。「言おう」とすると先に**舌根が力み、のどの奥へ舌が引き込まれる。**

また、言う直前は先に息を吐き出してはいけない、また完全に息を強く止め過ぎると声帯が閉じてしまうので注意する。息を直前に吸わなくても肺にはたくさん息は残っているので、そのまま息を吸わずうがいのイメージでうなる。

⑤声にする直前、舌の真ん中を緩ませながら舌面が上方へあがるイメージを持つ

舌が緩めば声帯は楽に鳴る。舌よりも下に声帯があるからである。舌の高さを全く変えなければ（のど周りを全く動かさなければ）、声帯はなんの反動もつけずにそのまま運動を開始できる。

舌と声帯の運動の分離が図れる。

●分かりづらい場合

少し舌奥を上げて実際に口に水を入れたイメージをして、実際ガラガラうがいを真似して小さく声にしてみよう。**のど元から温かい息と声が口に直接入ってきている。**または舌面を下げずに高めの地声で「泣く真似」をしてみよう。それが「うなる」ということである。

●うまくいかない場合

下顎が力んでいることも考えられる。その場合親指を前歯に当て、**上顎に寄りかかりながら**口から何回か息を吐くと下顎が緩められる（写真24）。

何回か口呼吸をして**喉頭（のど仏）の力みをゼロの状態**にすることが重要である。

息が止まりすぎる場合は、いつもの地声の高さよりもう一段高めの声で笑い声をあげるイメージをしてみよう。裏声を出すつもりくらい高めでも良い。

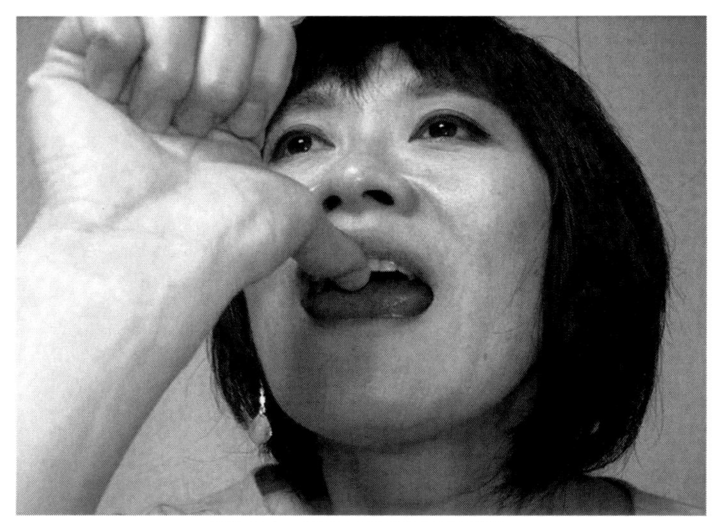

写真 24　親指前歯あて下顎緩め

やってみよう！16―②　舌根弛緩止気発声法の「え」と「あ」の交互

■手順

1．口を少し開けて舌を少し横に広げ（母音「え」の形）、下顎を緩める。

2．舌面はそのままの高さで**喉頭を緩める**。

3．そのまま息を吸わずに**舌を下げないようにうなるイメージで**「え」と短く言う。

4．「え」の舌の高さから下げないで**舌の真ん中を緩ませながら**「あ」と言う。**1回1回喉頭を緩ませながら**交互に短く言う。

舌の位置を下げないようにイメージしながら喉頭を緩めることで、舌根が緩むことを狙っている。

また舌根が力まず舌が全く引かれないようになれば、声帯の一番鳴りの良い部分を閉鎖、振動させることができる。**声帯の合わせ方の癖を矯**

正することができる。

ここがポイント

舌の高さを下げないで「うなるイメージ」で言う事。

うなるとは**舌の真ん中を緩めながら**裏声を出すくらいの高めの声で笑うイメージ、または泣き声の真似をすることで、本来の地声の声帯の合わせる強度、位置で作動させる効果がある。

慣れてきたら、声にする直前に息を吐き出さず舌は下げずに**舌の真ん中を緩めながら言う**だけで舌根は力まなくなってくる。「言おう」とせずとも**泣き真似や笑うイメージをする脳指令で声帯閉鎖、声帯振動は起こせる**のである。舌や喉頭、咽頭を全く動かさないからこそ声帯のみが作動する。また「言おう」とした瞬間に先に息を先に吐いていないか、息を強く吐き流しながら言っていないか注意しよう。また強く息を止めすぎてしまうと、声帯は閉じてしまうので注意しよう。

7－2　舌根を緩ませながら声を出す

やってみよう！17　舌動かしの「ややややや」

■手順

1．少し上を向き、口を開けて喉頭を緩める（のど元に温かい息を感じ楽に口呼吸ができる）。
2．呼吸を止めずに舌奥上がり連続（舌奥認識のページ「K」の子音の連続）を行う。

3．舌奥を連続して動かしながら、舌が硬口蓋につきそうなくらい一番高く上がった時にうなる（泣き真似をする）。

4．舌の動きを止めずに声を出しながら上下に素早く動かす。舌が高く上がっているときは母音「い」に近く、下がった時は「あ」に近い音になり、音が繋がることで「ややややや」に近く聞こえる。

舌の位置が一番上に来たときに声にすると母音「い」になる。

●うまくいかない時は

声帯を強く閉めすぎてハッキリ言いすぎている。舌の位置が口の上天井に着く位上がる瞬間を狙って声の出始めをうなるように出す。

舌を動かしていても喉頭を緩めれば、呼吸は口でできる。

言おうとせず泣き真似や笑うイメージで息と声がのど元に入ると声帯が閉まりすぎずに鳴らせているはずである。すると軟口蓋(のどちんこ)、咽頭後壁も力まない。

そして声を鳴らしながら舌の形を変えることで母音が変化する。

図 17 舌動かしの「ややややや」

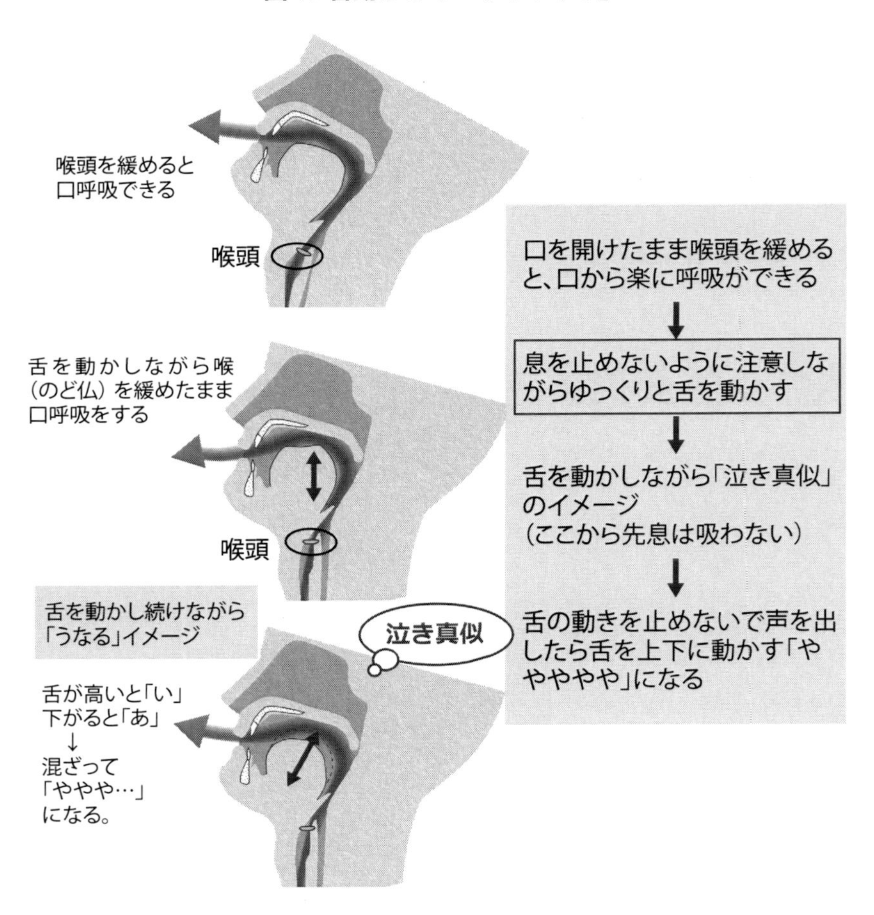

舌奥を動かしながらの「えあえあえあえあ」

■手順

1．喉頭を緩めて口で呼吸しながら舌を上げ下げし、うがいのイメージで声が出たら素早く舌を上下に動かし「ややややや」。
2．「ややややや」を言いながら舌を動かすスピードを落とし**一音一音うなりながら声帯を鳴らしつつ舌を横に広げていく**と「えあえあえあえあ」になる。

一番舌が上がっている「い」から**舌が横に広がると「え」**になる。

一つ一つ声帯の閉鎖を強く言い直すと声が途切れてしまう。閉鎖強度を下げるために常にうなりながら舌の形をわずかに変えることで声はなめらかにつながる。ハッキリ言わないくらいの声帯の閉鎖強度が通常なのである。軟口蓋（のどちんこ）に力みが入ってくると声が持続できなくなるので口の上天井を少し横に広くイメージして**舌の幅を広げておくと軟口蓋が力みにくい。**

7－3　舌を引いて動かしながらうなる

やってみよう！19　舌動かしの「うおうおうおうお」

■手順

1．喉頭を緩め口で呼吸をしながら、舌奥を動かす。
2．舌を後ろに引きながら「う」と言う。
3．声を出し続けながら、「う」の舌奥の高さを変えない意識で舌を動かしながら「うおうおうおうお」と言う。

舌を後ろに引いて舌奥が高い位置は母音「う」で、少し舌奥の位置が下がれば「お」になり、舌を動かしながら一音ずつうなることで「うおうおうおうお」に近く聞こえる。

「う」と「お」は舌を引いたイメージでうなるとよい。

●声が出にくいと思ったら

よりガラガラうがいのようにのど元に息を入れながらもう一段高めの声で笑うイメージをしてみよう。実は裏声を出すイメージくらいの声帯の合わせ方でちょうどよい地声になる人も多い。

確認「下顎は緩めて舌は少し上げる」ポジションはできているか？

上顎に意識を向け下顎をポカンとさせ下顎を真に脱力させること。下顎が一緒に動いていないかチェックしよう。

下顎が緩められない場合、親指を上の前歯に当て寄りかかり、口から息を吐いてうなること。声が口に来る。

7－4　舌を横に広げて動かす

やってみよう！20　舌動かしの「いえいえいえいえ」

■手順

1．下顎・喉頭を緩めて口で呼吸しながら、息を止めないように舌奥を動かす。
2．うがいのイメージをしながら舌面を横に広げ口の上天井に着くほど上げながら声を出すと「い」に近い声になる。
3．声を出し続けながら、軟口蓋（のどちんこ）も緩め舌を広げて上下に動かす。

舌が高く上がっているときは母音「い」に近く、少し下がった時は「え」に近い音になり、舌を動かし続け、音が繋がると「いえいえいえいえ」に近く聞こえる。

舌面が口の上天井に着くぐらい舌奥を高く上げて、舌を横に広げてみよう！

泣き真似のイメージでのど元でうなる感じで声を出す瞬間も**息と舌を止めずに下顎を緩ませながらハッキリと強く言いすぎない**ように気を付けよう。

7－5　舌面が下がりすぎない「あ」

やってみよう！21　舌動かしの「あえあえあえあえ」

■手順

1．下顎・喉頭を緩めて口でラクに呼吸しながら、舌奥を動かす。
2．息を止めず舌を連続して動かしながら、うなる（泣き真似の声を出す）イメージを持ちつつ、舌面が口の上天井に着くくらい一番高い瞬間を狙って、「あ」を出してみる。
3．「あ」が出たら、声を出し続けながら舌を横に広げると「え」になる。舌を動かし続け音が繋がると「あえあえあえあえ」に近く聞こえる。

ここがポイント

舌面が口の上天井に着くぐらい舌面を高く上げ、うなる（泣き真似の声を出す）感じで声を鳴らせば**出だしから「あ」**になる。声がのど元に入ってくることをしっかり感じる事！声が口に入ってきているという事だ。息を鼻に抜きながら言うと軟口蓋が力み声帯は閉まりすぎてしまう。

「あ」の時軟口蓋（のどちんこ）が力むと声は鼻に抜けてしまい咽頭全体が反射的に強く閉まる。声が鼻に抜けると感じたら舌面をより高くして**軟口蓋を緩ませる意識を持とう**。舌の両端を横に広げる意識を持つと咽頭に力が入らず軟口蓋を下げない抑止力になる。

7－6　声を出しながら舌を動かす①

やってみよう！22　舌動かしの「うおあ　うおあ　うおあ」

■手順

1．下顎・喉頭を緩め口で呼吸しながら舌奥を動かす。

2．そのまま息を吸わずに舌を連続で動かしながら舌を後ろに引いたところで声を出すと「う」になる。

3．声を出し続けながら舌を後ろに引いたときは「う」で、舌が上へあがるイメージで「お」に近くなり、「お」を言いながら顎を緩めて開ける「あ」に近くなり、声が繋がると 「うおあ　うおあ　うおあ」に近く聞こえる（図 18）。

ここがポイント

うなる（泣き真似の声を出す）感じで声がでたら後は一音ごと「う」を言い続けるイメージで舌の形をわずかに変えるだけでよい。**舌を後ろから上へと回すように動かす**だけで母音は変化する。

図 18　舌動かしの「うおあ　うおあ」

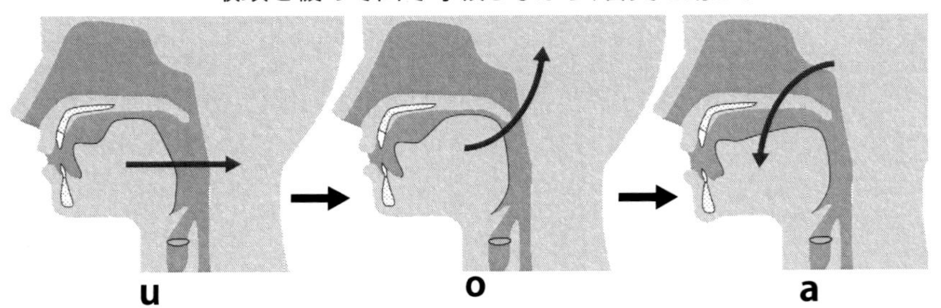

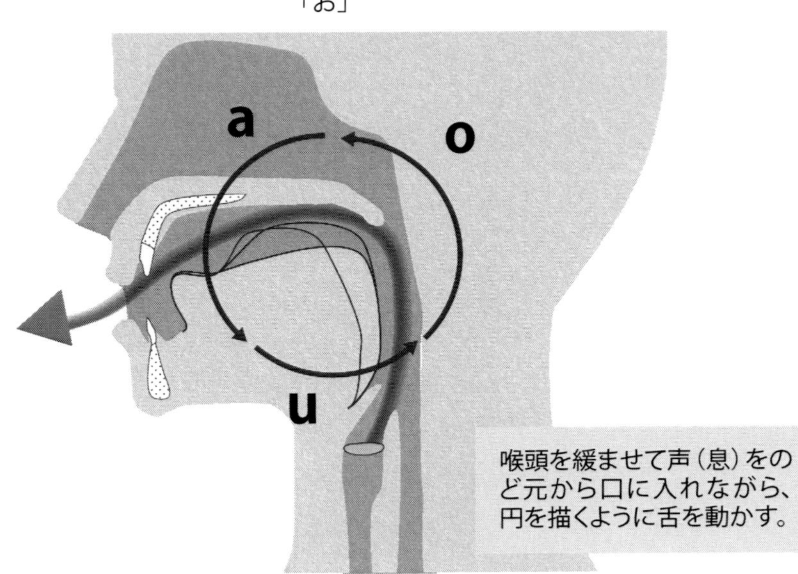

7－7　声を出しながら舌を動かす②

やってみよう！23　舌動かしの「うおあえい　うおあえい　うおあえい」

■手順

1．舌奥を連続して動かしながら、下顎・喉頭を緩めると息ができる。

2．そのまま息を吸わずに舌を連続して動かしながら、うがいのイメージで舌を後ろに引くと「う」に近い母音になる。

3．声を出し続けながら舌奥を後ろから上へ上げながら言うと「う」「お」「あ」になり、「あ」から舌を横に広げると「え」になり、「え」から再び硬口蓋に近づけると「い」。

それを繋げると「うおあえい　うおあえい　うおあえい」に近く聞こえる（図 19）。

ここがポイント

常に一音一音「う」とうなっているイメージで声帯を鳴らしながら**舌の位置・高さが変わる**と母音が変化することを再認識しよう。はっきり言いすぎず、声をなめらかにつなげる事。

図19　舌動かしの「うおあえい　うおあえい」

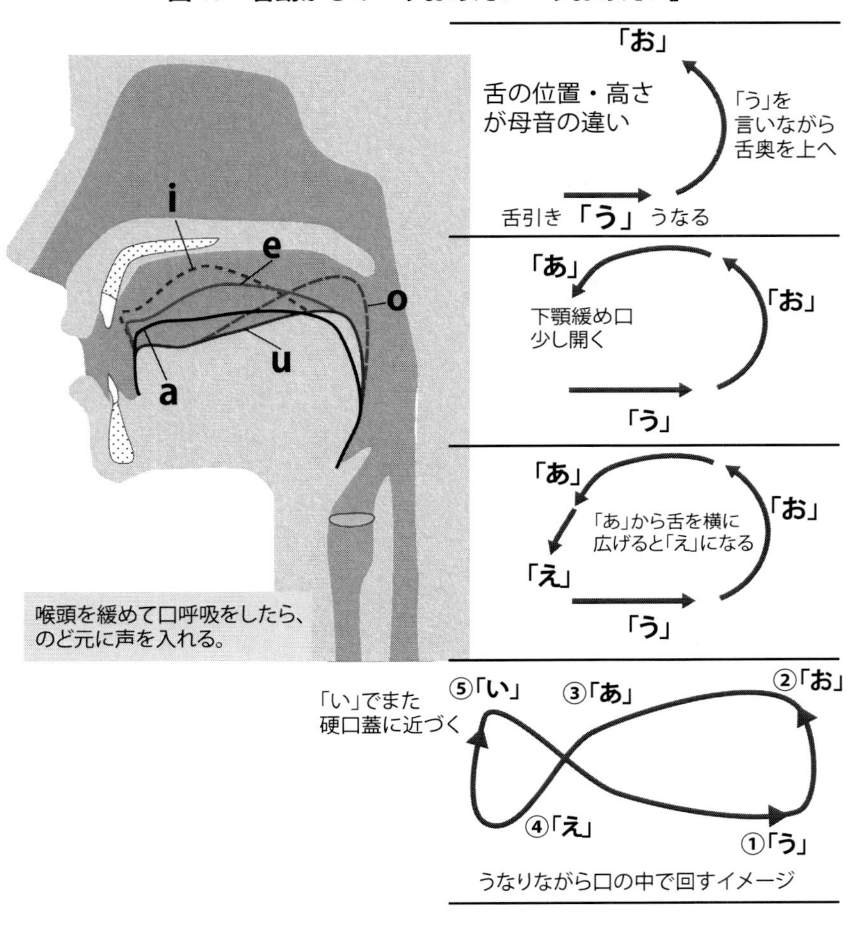

トピックス７「発声障害発症の若年化」

大学４年あたりで、接客アルバイトやサークル活動などで声を酷使したあまり発声障害の症状の自覚が初めて出て、就活前に当教室に来る学生も多い。就活を控えこのままでは面接等で話せるか不安になり「何とかしなければ」と焦るようだ。また当教室にレッスンに通う社会人の中には、すでに中学生や高校生くらいから発表や朗読などの場面で声の出しづらさを感じていたという人も多い。学生時代は「舌が力みやすい」という要因がありながら表面化していなかったことが、社会に出て緊張する場面が増えると舌の力みが加速し、表面化してくるのである。

「現代病」ともいえる「発声障害」は、次第に若年化してくるのではと懸念する。なぜなら、ソーシャルメディアの普及により、高い声や綺麗な声、特徴的な声がもてはやされる風潮から思春期あたりから自分の声を操作しようとするからである。ミュージックシーンや人気アニメの影響を受けやすい若者たちは、自分もああなりたいと声真似をする。正しいボイストレーニングをしないまま、喉頭に、舌に力を入れて発声してしまうのである。始めは功を奏するがそれが習慣化してしまうと危険である。

社会人になるとイメージを良くするには高めの声にしなければ、という思いこみ、またはそうするように研修などで指示されて、のどに力を入れてしまう女性も多い。「私は声が低いのがコンプレックスで、高く出そう出そうとしていました」と涙ながらに言う女性もいた。

また逆に、「自分は声が高いので声を低く出そうとのどを下げていました」と話す男性もいる。男性の場合声を低くしようとして舌面やのど仏を下げて話していたことが発声障害につながったケースもある。地声の声域の狭さを力づくでカバーしてしまったのだ。

自分の生来の無理のない声の高さで、ゆったりと落ち着いて話すことが、「印象の良い声」なのではないだろうか。

第8章
息と声帯の運動分離

息は「吐こう」とするだけでも、またたくさん「吸おう」とするだけでも咽頭や喉頭に力みが入るため声帯も力んでしまう。また俗にいう「お腹から声を出す」の意味を、腹筋に力を入れて声をだす、と思っている人が多いが実はそうではない。腹筋に力を入れただけで喉頭に力みが入るので、その状態で声を出すと声帯に二重に力をかけることになるので注意する。

また、「息を乗せるように話す」とどこかで聞いたり読んだりして「息を吐き出しながら」言うと思っている人が多くみられる。第一声目の出だしが、先に息を吐くことにすり替わってしまい、「声帯閉鎖・声帯振動と呼気のタイミング」に時差が生じる。よって声帯の最も振動する合わせるべき位置からずれた場所を閉鎖する癖がつき、いびつな声帯閉鎖をするようになってしまう。この「声帯の合わせ方のズレ」から発声障害は始まるといっていい。

また、過緊張性発声障害のタイプは、逆に息が完全に止まってから第一声目を発声することが多い。まず声帯をしっかり閉じて弾きながら出す癖がついているので、その瞬間息は完全に止まっている。

「舌根弛緩止気発声法」では、まず喉頭を緩ませ口呼吸し、喉頭の力みを抜くところから始め、声にする時はうがいのように息を止めすぎず吐きすぎずにうなることで声帯振動させることを学んだ。そこから声を持続するには、息との関係が重要である。

ここでは「呼気持続」と「声帯振動」とが、どちらも力まずに並列的に行えることを学ぶ。すなわち「息と声帯の運動分離」の方法を紹介する。

8－1　呼気持続のみを行う

やってみよう！24　ストローで水ブクブク

■手順

1．空きペットボトルに水を半分以上入れたものと、長いストローを1本用意する。

2．ストローの先からブクブク…….と一定に長く持たせながら吐く。

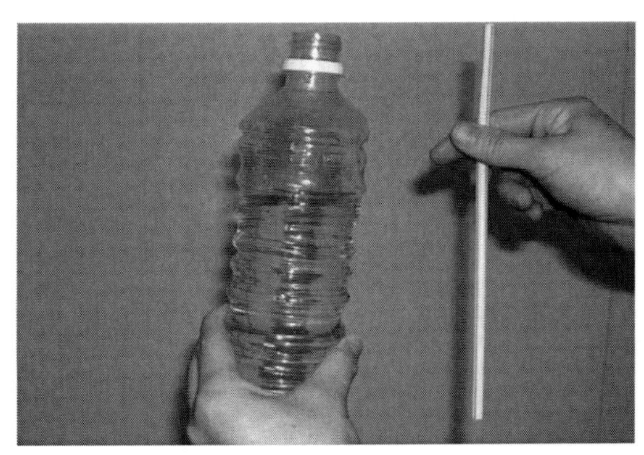

写真25　手順1

写真25　手順2

ストローをくわえる直前に大きく息を吸い込まずとも（吸気)、長く持たせることができたであろう（**呼気持続**）。すでにこれで**呼気の調節**をしているのである。体の中にすでにあった息をいったん軽く止め、（「**止気**」という）生理的な息止めの状態から、胸腔と腹腔を仕切る筋膜（**横隔膜**）が緊張を維持することで行っている。その横隔膜の緊張が一気に無くならないように維持しながらゆっくり息を口から出してゆく。ここに**腹筋に力を入れるほどの大きな力は全く必要ない**のである。

さらに次を行う。

8－2　呼気持続と声帯振動の並列①

やってみよう！25　ブクブクうー

■手順

1．ストローの先からブクブク…….と呼気を一定に長く吐く。
2．ブクブクの泡を見ながら「u———」とうなってみる。

すんなりできた場合、**呼気を持続させながら声帯は閉鎖し振動した**ということである。

「u」の音はくぐもった感じの音になっているのが正しい。声と息がストローの中に来ている時はくもった音になる。

声と息が口に同時に来ているということである。すなわち、息が通り抜けられるくらいの閉鎖度合で声帯を閉めていないといけないのである。

うなった瞬間の泡の状態の判断

泡が急に大きくなった場合：声にしようとする瞬間息を吐き出しすぎている。

泡が極端に小さくなった場合：声帯が閉まりすぎている。声にしようとする時息を止めすぎている。

泡が完全に止まった場合：声が鼻に抜けている「ん」になっている。

さらに次を行う。

やってみよう！26　ストロー無しのうー

■手順

1．ストローの先からブクブク…….と呼気を一定に長く吐く。

2．ブクブクの泡を見ながら「u———」とうなってみる。

3．「u」を言い続けながらストローをゆっくり口から抜く。長く持たせる。

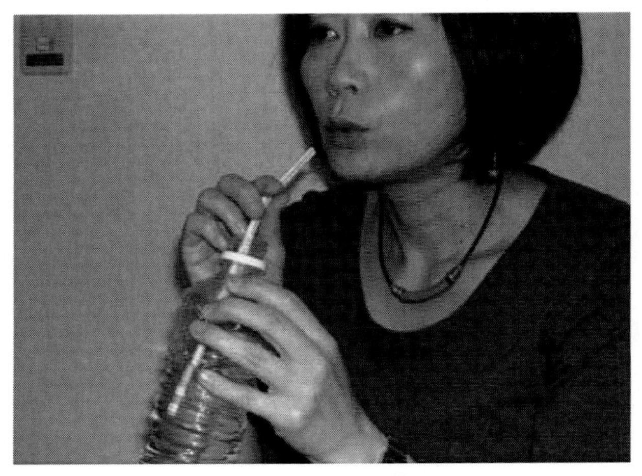

写真26　ストロー外し

ストローを抜くと息がすぐになくなってしまう場合、お腹に力を入れて息を吐きすぎて「う」を言おうとしていたか、声が鼻に抜けて呼気持続のための横隔膜の緊張が即座に無くなってしまったかである。

息を吐こうと思わずうなっていくことがそのまま「う」になり、息を長く持たせることができる。

8－3　呼気持続と声帯振動の並列②

やってみよう！27　呼気持続をしながらのうがい

■手順

1．口を開けて下顎・喉頭を緩ませながら何回か口呼吸をして、喉頭の力がゼロになったら息を止める。（声帯・お腹に力は入れない）
2．**そのまま息は吸わず舌面が下がらないように「うがいのイメージ」**で小さく「あー」とうなっていく。

始めに息を大きく吸い込まずに、そのままうがいを始めるイメージだけで軽く息は止まる。その瞬間、横隔膜は緊張し、すでに肺にあっただけの息を保持できる状態になる。そしてこの軽い息止めを保持しながらうがいで声帯振動させてみよう。咽頭や喉頭が力まないよう声が口に来ている状態をキープする。

声帯振動の有無を感じる

胸や腹に力みが全く無い程の「息こらえ」をしながらゆっくり吐くことがすなわち「呼気の持続」であるが、息を強く止めすぎると喉頭内で声帯はそれだけで強く閉鎖してしまうので良くない。

「ささやき声」という状態は、声帯はほとんど閉じているが声帯振動をあえてさせていない「無声（むせい）」という状態である。声帯を開閉させる筋を力ませ声帯間を離している。その状態からうがいをするイメージで声を出すと声帯振動が起き肉声の状態になる（有声（ゆうせい）という）。これを使って声帯振動の有無を感じる練習をしてみよう。

注意！ 強いささやき声は声帯に力がかかるので本当は良くない！ささやき声は日常では絶対禁止！ここでは声帯振動の始まりを感じる練習のために行う。

やってみよう！28　ささやき声とうがい（声帯振動）の交互

■手順

1．口を開けて下顎を緩ませ、舌奥を少し上げて喉頭を緩ませたら「あ」の**ささやき声**にする。
（強い「はーっ」と言う息の音がしないこと）
2．「あ」のささやき声をしながら、舌を下げずにうがいをするイメージでゆっくり小さく高めの声で「あ」と言う（**声帯振動が起こる**）。
3．小さくうなっている状態から、再度ゆっくりとささやき声の状態にしてゆく。この時息を吐きすぎないよう気を付ける。
4．２.３.を交互に行う。

ささやき声からうがいをするイメージを持って「あ」と言うと、声帯振動が開始する。本来合わせるべき位置の声帯閉鎖と声帯振動が得られる。ささやき声で合わせている声帯の閉鎖の位置より、少し上の部分が肉声の部分であることを認識してみると良い。

ささやき声からうがいのイメージで声にしてゆくとき、息は強く吐き出してはいないはずである。声帯間を通り抜ける息はむしろ少なくなっていくことを感じよう。また声帯振動から無声にしてゆくときも呼気持続が抜けないようゆっくり行う。

8－4　身体脱力の発声

咽頭・喉頭の力、お腹にどうしても力が入ってしまうと感じる人は、**うつぶせの状態**になってやってみよう。上向きではない。うつぶせになると下顎が緩むので喉頭そのものが脱力しやすく、身体のどこにも力が入らずとも声にできる感覚が分かる。ゆっくり息を吐いてゆく呼気持続の時にも腹筋に力は入れず背中側の横隔膜の拡大を保持しながら行う。咽頭、喉頭のゆるみを感じながら声帯閉鎖、声帯振動の瞬間を観察することが重要である。首裏や下顎なども全て脱力しながら、身体内部の感覚を研ぎ澄ませながら行うこと。

やってみよう！29　うつぶせの呼気持続と発声

■手順

1．うつぶせになる。額にタオルを置き、ラクに顔が向くほうに向ける（頸椎に問題がある人はやらないでください）。
2．口をわずかに開けて下顎・喉頭を緩ませて口で呼吸をする。
3．口を開けたままお腹に力を入れないようにゆっくりと長く吐く。「はーっ」と強い息の音がしないようにする。舌や軟口蓋、背中、肩を緩ませながらできるだけ長く息を持たせる
4．息を持たせつつ喉頭を緩ませながら「うー」と続くだけ長くうなる。

声にしようとする瞬間、お腹に力を入れていないか、強く息を吐き出していないか、止めすぎていないか、舌根に力を入れていない

かを監視する。気管支の中を通ってくる呼気が喉頭を全く力ませずに声帯のみで小さく鳴っていることを感じよう。うなる瞬間をできるだけゆっくり行い、声になる瞬間を感じよう。背中を緩ませると首の前側の喉頭も緩む。

写真 27　うつぶせ発声

トピックス 8 「呼吸の力みから発声障害に」

30代女性、2児の母であるNさんは長年勤務している会社の経理をしている。Nさんは声のつまり、声質がつぶれたような状態になる過緊張性の症状が起こり、当教室に来た。発声の三要素を説明し、「呼吸の力み」も原因の一つだと話すと、思い出したように言った。

「そういえば、同僚の女性と話している時彼女の息が自分にかかってきたのを感じて少し不快に思ったんです。それで、自分の息が他人にかかるのも嫌だなって思って、自分の息が出ないように話すようにしてたんです。お腹に力も入れていました。これが発声障害の原因ですね。」このように、意図的な呼吸の操作が、「呼吸の力み」となり、喉頭に力がかかってしまう発声への引きがねを引いてしまったのである。

Nさんはレッスンを開始、まずお腹の力を抜いて、舌根弛緩止気発声法を行った。息を止めすぎず声帯を閉めすぎない高めの地声が出るようになった。一進一退のレッスンの進み具合であったが半年後、舌の体操が劇的に効いて現在は話していてもほとんど声質がつぶれず声が途切れなくなって、本来の声質に戻った。「めげそうになったこともありましたが、発症以前の感じまで戻った気がします。お腹にも力は入りません。」と嬉しそうに話した。

第9章
子音付加（構音）

舌や咽頭、喉頭の力みが入り込まず、声帯を閉めすぎずに鳴らせると、声がのど元から口腔内に入ってきていることが感じられるようになる。舌根の力みを入れずにうなるイメージほどで声帯を鳴らせる度合こそが本来の声帯閉鎖強度だと実感できたら、**一つのことば「音韻」**にしてみよう。音韻とは、母音に子音を付加された、基本的には五十音図にある一つ一つの単音のことである。

舌が子音を作る働きを「構音(こうおん)」という。子音付加、すなわち「構音」とは、主に舌上面と口の上天井との接近、接触、弾きなどで「気流の雑音」を一瞬作ることである。本来「気流の雑音」を作る時も呼気は完全には止まっておらず母音生成も並列的に行っているため声帯振動が止まることがない。しかし、構音時に息を一瞬止めて舌を力ませて構音すると、声帯振動が止まってしまうのである。

母音は舌面の高さで変化させつつ常に口腔内に入ってきている。これに舌面がさらに上がって硬口蓋に接することで構音する。ゆえに本来ならば構音時にも舌がのどの奥に引き込まれることは全くない。しかし母音を舌根の力みの反動で強く閉めて出していると、構音を舌根に近い位置で行えるように舌根をさらに固めながら行うようになるのである。

また構音時に舌の力みがあると、舌が上がりづらくなるため外枠である下顎を固めて補助するようになる。発声障害を発症した人のほとんどに、「下顎の力み」が見られるのはそのためである。これにより「舌と下顎の共同運動化」が形成される。顎をだらりと緩めて構音を促すと、舌を動かそうとするのと一緒に下顎も動いてしまうのが**下顎の代償運動**である。

つまり顎関節が広く緩められて下顎が本当に脱力できるようになると、舌が下顎の支配下から切り離されて立ち上がり、舌奥のみが高さをもって構音ができるようになるのである。

9－1　舌奥の弾きで作る子音

やってみよう！30　「Ka」、「Ga」の作り方

■手順

1．口をわずかに開け、下顎・喉頭（のど仏）を緩める。
2．舌奥を軟口蓋（のどちんこ）に付ける。
3．軟口蓋と舌面とが弾かれた「k」の子音からうなるイメージで母音「あ」が口に入ってくると「Ka」になる。
4．舌面と軟口蓋との接近の子音とのど元に入ってくる母音とを別々に感じながら「ka―ka―ka―ka―ka―」とゆっくりつなげて言ってみる（図20）。

無声子音「k」の時からうがいのイメージで声帯が「ggg…」と鳴ると「Ga」になる。

ここがポイント

舌奥と軟口蓋とが弾かれたところに呼気が通過し、のどちんこを振動させることで生まれる。それは子音の「k」に近い。そこへ**うなるイメージで母音「あ」が口に入ってくる**ことで「か」になる。

子音は気流の雑音、母音は声帯振動でのど元に入ってくるイメージを持つことで、舌が下がらず別々の働きで互いに邪魔しない程度で同時に、並列的にできる。

図 20 「Ka」.「Ga」の作り方

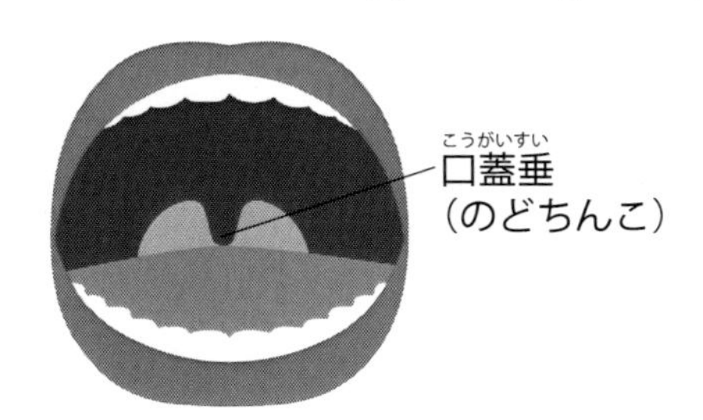

舌奥とのどちんこがほぼ接する

↓

近づけたままうがいのように口に息を吐くとのどちんこが振動する(いびきの音)

↓

同時にのど元に母音「あ」を入れると合体して「か」になる

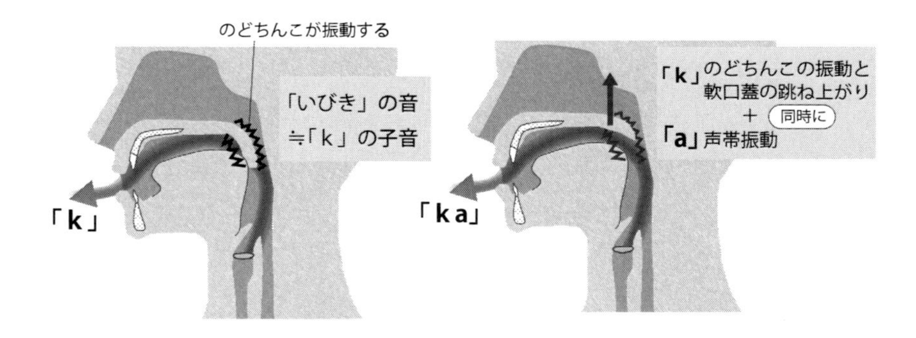

9－2　舌面の弾きで作る子音

やってみよう！31　「te」、「de」の作り方

■手順

1．口をわずかに開け、下顎・喉頭を緩める。

2．**「ん」を言うつもりで舌奥の高さが上がってからさらに舌面真ん中を硬口蓋まで吸着**させていくイメージを持つ。

3．**舌面の前方まで硬口蓋に密着させてから離れると子音「ｔ」**にな
るのでその瞬間に「え」というと「te」になる。

4．初めにのど元に母音「e」を感じ、母音を言いながら子音「ｔ」を
付けて「te」、これを交互に「e—te—e—te—e—te ー」とつなげて
言ってみる。

舌が「ｔ」を作る瞬間、より声帯振動させると「da」になる。

ここがポイント

「ん」を言うイメージを持つと舌奥が上がり、声帯は声帯振動が始まってくる。**さらに舌面真ん中と硬口蓋との吸着力が働くと**「ｔ」の子音の舌面の弾きがやりやすくなる。舌根までは力ませない。舌面のみで子音は作れる。舌面が口の上天井と吸着した状態から離す、というシンプルな動きだけで良いのである。

注意！「ｔ」の子音は、舌奥は「ん」の高さほどあり、舌の真ん中が広い面で硬口蓋に吸着してから離れることである。よく見られる「ｔ」の構音の間違いで、舌先を前歯の後ろに押しつけて弾いていることがある。舌先は緩ませて、決して舌本体が棒のように細くなってはいけない。

9－3　舌面と硬口蓋との隙間の摩擦で作る子音

やってみよう！32　「su」、「zu」の作り方

■手順

1．「ん」を言うイメージで舌奥が上がったら、舌面を口の上天井（硬口蓋）までくっつける。

2．舌上面を口の中で後ろから前方に吸着させていくイメージで　舌面の前あたりまで硬口蓋に吸いつかせるようにしながらその隙間に息を入れると子音「s」になる（舌面と口の上天井の間の隙間が狭いほうが摩擦の音が出やすい）。
3．摩擦の音が出た瞬間に「う」とうなる。すると「su」になる。
4．子音「ｓ」と同時にうなるように「u」を声帯振動させながら伸ばし「su—su—su—su—su—」とつなげてみる（図21）。

「s」をはじめから声帯振動させると濁音系「ｚ」になり、母音を言うと「zu」になる。

「ん」の舌奥が高い位置から、舌上面と硬口蓋の隙間で息を摩擦させながら「う」と言うと「su」になる。舌上面の吸着と息の圧力の摩擦を感じてみよう。口の上天井と舌面のわずかな隙間に入る息の摩擦音だけで子音は作れるのだ。舌根や舌先は力まないように。これも舌先を弾く子音ではない。舌先は下の歯列の内側にあり、緩んでいること。上の前歯の後ろを押してはいけない。

子音「ｓ」は舌奥が高く**舌面と硬口蓋の接近の隙間**に息を入れる摩擦音。

舌面と硬口蓋との隙間風の摩擦音「ｓ」を作りながら、「う」を言うつもりで「い」を言ってみよう。「う」の部分を他の母音にしてみると舌を力ませずに音韻を変化できる。

図 21 「Su」.「Zu」の作り方 .txt

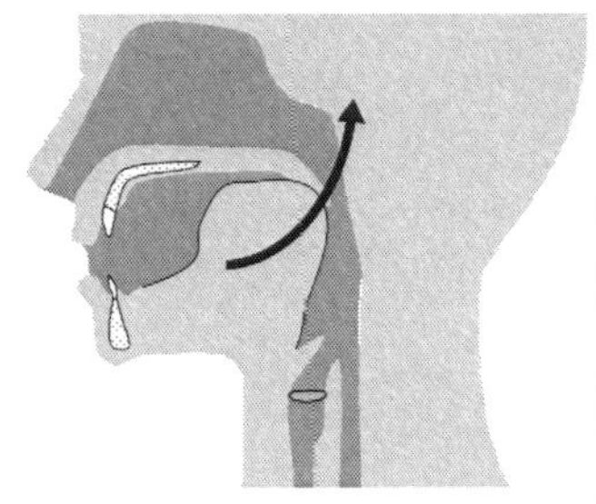

「ん」を言うイメージで舌奥が上がる

↓

舌面を硬口蓋に吸着させながら

↓

その隙間に息を入れると「s」

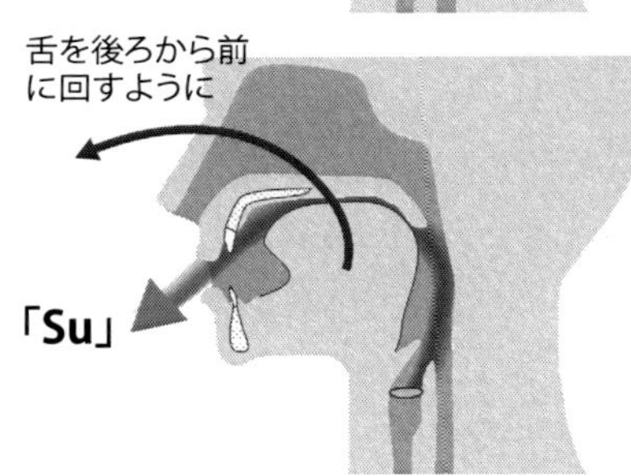

舌面を硬口蓋の隙間に入る
息の摩擦音

「S」＋「u」

うなる

※「u」を言うつもりで他の母音に変えてみる

「s+（u）i」＝Si

「s+（u）e」＝Se

「s+（u）a」＝Sa

9－4　舌面弾きと声帯振動しながら作る子音

やってみよう！33　「no」の作り方

■手順

1．口をわずかに開け、舌を後ろに引き、下顎を緩める。

2．舌上面を口の上天井にしっかり付けた「ん」の状態にする。

3．**「んー」と言い続けながら**、舌面が硬口蓋に吸着して弾きながら母音「o」を入れてゆくと「nononono….」になる。

ここがポイント

先に**「n」を声帯振動させて、ずっと「ん」を言いながら**舌の上面のみが硬口蓋に付いたり離れたりさせるだけでよい。

「んー」と言い続けながら上下の唇を軽く合わせて弾くと「mamamamama…」になる。

9－5　舌先弾きと声帯振動しながら作る子音

やってみよう！34　「La」の作り方

■手順

1．口をわずかに開け、下顎・喉頭を緩める。
2．舌先を上の前歯の裏に「r」のように巻いて付け、温かい息を口の中に入れながら、「う」とうなるように声を出す。
3．うなりながら舌先で前歯の裏を押し出しながら弾く、を連続すると「la—la—la—la—」になる（図22）。

ここがポイント

舌先を上げていても**口腔内に温かい息と一緒にうなれば声が口腔内に入ってくる。**

声を出しながら舌先のみ動かす。舌先が細くなりすぎないよう、舌の先全体と思ってよい。

図 22 「La」の作り方

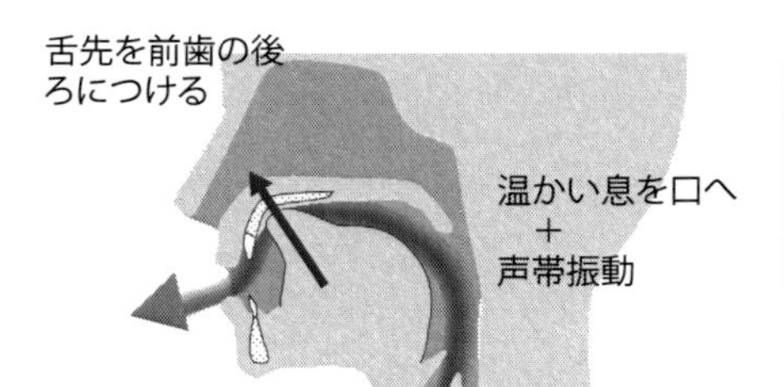

舌先を前歯の後ろに押し付けて温かい息を口に入れたらうなってみる。

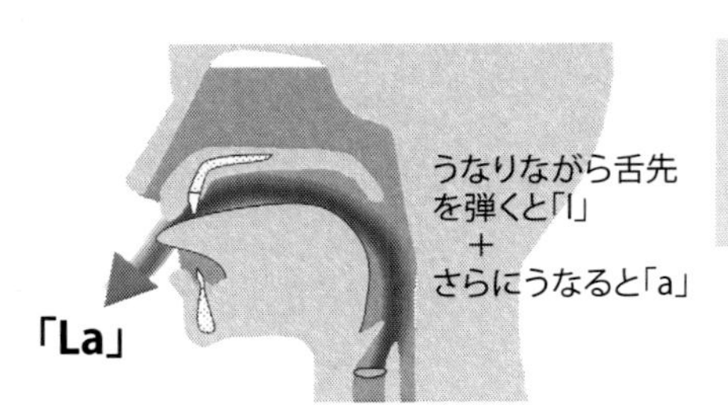

うなりながら（声帯振動をさせながら）舌先を前歯の後ろにつけてから弾くと「La」になる。

うなりながら舌先のみ弾いてみよう。
「La-La-La-La-」の連続になる。
u〜
声帯振動（母音）と舌の動き（子音）を分けて考える。

ここがポイント

うがいのように声がのど元に入ってくる「母音」と、舌の動きの「子音」とを、分けて考える。

それがほぼ同時に並列的に行われ、合体すると一つの音韻になる。うなりながら声を出している間は、**舌奥の高さはある一定の高さを保ちながら全く引き下げられることが無い。**舌根は全く力む必要が無いからである。

トピックス９「下顎が本当に緩められているか？」

このメソッドは、舌と声帯の運動の分離を目指す初めの一歩であるが、「下顎と舌の運動の分離」もあることは始めに述べた。ここでもう一度、口を大きく開けなくても良いので、下顎が本当に緩められているかをしっかりと確認してほしい。

ある女性の生徒が私に「先生はいつも下顎を緩めてとおっしゃっていたので自分では緩めていたつもりだったんですけど、力が入ってるのが分かりました。本当にここまで？って思うくらい下顎を緩ませていいんですね。」と言った。その通りである。その女性は口をわずかに開けた状態で下顎の関節をほんの少し前にスライドして固定していた。下顎の固定が喉頭を固める原動力になってしまう。下顎の関節を本当の意味で緩ませておくだけで、舌骨（喉頭）のゆるみにつながり、それが舌の緩みにもなる。そのうえで、声帯をうがいのように鳴らすことを、もう一度意識してほしい。

ある地方在住の男子生徒は当教室に一度、対面でレッスンをして半年後、当教室のボイストレーニングＤＶＤを購入した。約１年後再度対面レッスンに訪れた際、劇的に良くなっていた。何が一番効果を実感できたのかを彼に聞いてみたところ、「下顎の緩め」を理解したことだったと話してくれた。「親指を前歯にあて、上顎によりかかるように母音発声」をする内容のところだそうだ。下顎の緩めが本当に大事なのだと改めて実感した次第である。

また発声とは、実に様々な細かい要素が絡み合い関連しあい全体として機能しているものである。全く気にならない時は実に絶妙な仕組みとバランスで成り立っているので、逆に少しでも崩れると不便さが極まりない。非常に繊細な側面もある。声は結果でありその人の身体で起こっていることが現れる。首の横面や肩こり、背中、腰のコリなども発声にはかなり影響する。これまでの生徒の中でも、レッスンでかなり声が回復してきてもう一歩、という段階で、舌骨筋や頸部、肩などの鍼治療を行うことで、かなり改善が進んだ例をいくつも見ている。中には、舌本体にも鍼を打ってもらった生徒もいる。鍼灸師もほとんど舌に鍼を打つ人はいないので依頼するとびっくりするそうである。技術的に信頼のおける鍼灸院でお願いすることをお勧めする。

第10章
音韻連続

10－1　母音と子音を分けて考える

やってみよう! 35　音韻連続「けかけかけかけか」……… ✓

10－2　母音を言いながら舌面弾き

やってみよう! 36 音韻連続「てたてたてたてた」………… ✓

10－3　母音を言いながら舌面摩擦

やってみよう! 37　音韻連続「すしすしすしすし」………. ✓

10－4　母音を言いながら「ん」を入れる

やってみよう! 38　音韻連続「ぬのぬのぬのぬの」……… ✓

10－5　母音を言いながら唇を弾く

やってみよう! 39　**音韻連続「まめまめまめまめ」.** ✓

10－6　うなりながら舌先弾き

やってみよう! 40　音韻連続「られられられられ」………. ✓

10－7　母音を言いながら息を入れる

やってみよう! 41　音韻連続「へはへはへはへは」……… ✓

■トピックス 10　「理解されづらい症状と自覚的苦痛とのギャップ」

主に舌面の上下の動きの子音（構音）と、うなるようにのど元で声にする母音という別々の動作が合わさり、一つの音韻のできる仕組みが理解できたら、母音の違う連続した音韻を言ってみる。まずは「**ハッキリ言おうとしない**」でやってみる。まずは一音一音の音韻ごとに「う」をうなるイメージ優先で舌はわずかに動かすだけでよい。舌根や喉頭、咽頭まで力ませないことが目的である。

「言おう」とすると、一瞬息が止まり、舌根と結びついた強い声帯閉鎖と構音を同時に行うので、声が途切れる。母音と子音付加（構音）の２つがそれぞれ別々に並列的に機能することを意識する。

次の＜２つのポイント＞を肝に銘じておこう。

＜２つのポイント＞

（ア）母音の変化は、喉頭を緩めながら、ひとつひとつの音韻ごとに「う」を言うようにうなり続ける。**母音は「う」の舌奥の高さが基準になっておりそれ以上舌面は大きくは下がらない**。うなる声が**のど元にひとつずつ入ってくるイメージ**を持つ。

（イ）構音は舌面が口の上天井に接近、接触などのほんのわずかな動きで良い。構音時も舌奥の高さが「う」の高さより下がることはなく、舌は動かそうと思わなくても動くので**むしろ舌を動かさない意識のほうが舌が力まない**。また下顎が舌の動きに一緒について動かないように**下顎を完全に緩ませること**。

10－1　母音と子音を分けて考える

舌動かしの「えあえあえあえあ」の母音変化を基にして、声帯振動を持続させながら「k」の子音を付加する。

やってみよう！35　音韻連続「けかけかけかけか」

■手順

1．喉頭を緩めて口で楽に呼吸をしながら、舌奥をわずかに動かしながら、うなるイメージで「えあえあえあえあ」を言う。
2．母音を持続する意識を優先して、舌面が軟口蓋に接触したら「k」の子音が付加されるので「けかけかけかけか」になる（図 23）。

ここがポイント！

舌が子音を付ける瞬間も、声帯を鳴らしながら舌奥を上げると思うと声が途切れない。

母音は常に口腔内に入ってきているイメージを保ちながら、**子音は舌面のみ**わずかに上げるだけで良く、構音時も声帯振動を伴いながら行うイメージを持つと声が途切れない。

初めに舌面を軟口蓋に接触させ、口に息を吐いて「いびき」の真似「kkkk…(のどちんこの振動)」をしながら後から母音をのど元に入れるイメージで「けかけかけか」にしてもよい。

●濁音系にするには

始めからガラガラうがいのイメージで「ggggg….」とはじめから声帯を鳴らしながら母音を入れていくと**「げがげがげがげが」**になる。

図 23　音韻連続「けかけかけかけか」

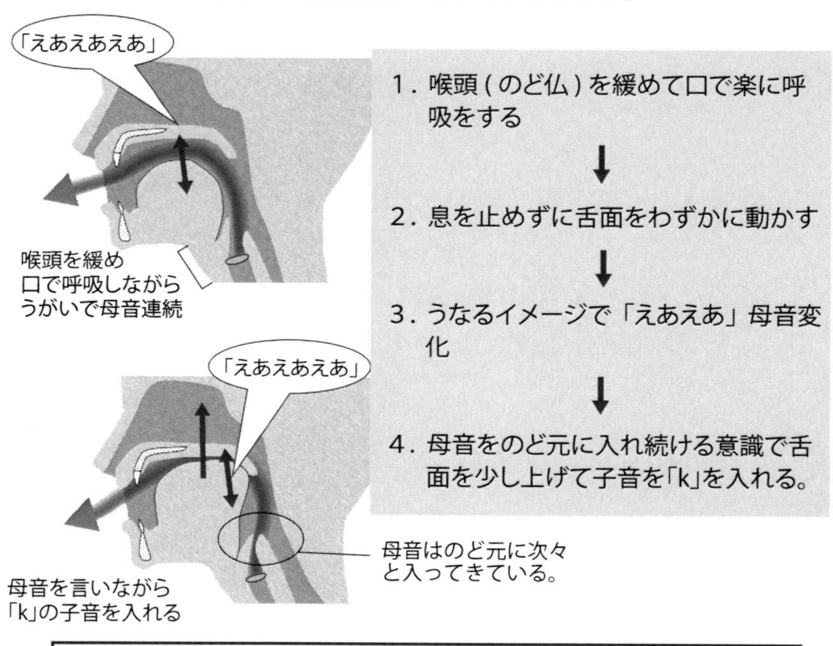

子音を入れる瞬間も、一音一音声帯を鳴らす意識を持つ

ここがポイント！

声帯は一音一音鳴り続けて舌がわずかに形を変え母音を変化させながら、舌面がさらに高さを出して子音を作るのである。**ゆえに舌が引きこまれる力は全く起きない。**

10－2　母音を言いながら舌面弾き

舌動かしの「えあえあえあえあ」の母音変化を基にして、声帯振動を持続させながら「ｔ」の子音付加してゆく。

やってみよう！36　音韻連続「てたてたてたてた」

■手順

1．喉頭を緩ませ呼吸をしながら舌奥を動かし、うなるイメージで「えあえあえあえあ」を言う。
2．「えあえあえあえあ」を言い続けながら、一瞬「ん」を鳴らしながら言うつもりで舌面を硬口蓋に軽く接触させて弾くと「t」の子音が付加され。「てたてたてたてた」なる。

●濁音系にするには

舌面を硬口蓋に軽く接触させて弾く「ｔ」の子音を、「ん」のイメージで声帯を鳴らしながらやると「d」になり「でだでだでだでだ」になる。

舌面弾きの子音は、声帯を鳴らしながら「ん」を言うイメージを持つと声が途切れない！

母音の舌の高さから舌を下げないよう子音を入れる。

注意！　軟口蓋（のどちんこ）に力が入ってしまうと、声帯が閉まってくるので音韻は連続しづらい。軟口蓋を高く横に広く感じながら緩める意識を持とう。

10－3　母音を言いながら舌面摩擦

舌動かしの「ういういういうい」の母音変化を基にして、声帯振動を持続させながら「ｓ」の子音付加してゆく。

やってみよう！37　音韻連続「すしすしすしすし」

■手順

1．喉頭を緩ませ口で呼吸をしながら舌奥を少し動かし、舌を後ろに引く「う」が鳴り始めたら、声を出し続けながら素早く舌を動かし「ういういういうい」を言う。

2．「ういういういうい」を言い続けながら、舌奥上面を硬口蓋にぎりぎりまで近づけ、一瞬息をその隙間に入れると摩擦音「s」の子音が付加され「すしすしすしすし」になる。
（舌が子音を作る瞬間も声帯を鳴らしていくイメージで子音付加するとよい）

濁音系にするには

まず舌面と硬口蓋との隙間に息を入れ「ｓ」を作り、そこから「う」を言うつもりで声帯を鳴らすと「ｚ」になる。

「zzzzz….」と声帯を鳴らしながら**母音が口に入ってくるイメージを持つ**と**「ずじずじずじずじ」**になる。

母音が常に声帯振動しながら、舌面がわずかに上がるだけで子音は付加される。ハッキリ言おうとしないこと。

声帯が鳴っている母音は常にのど元から口へ口へと入ってくる意識を持とう。その母音の状態を優先させながら子音を入れていくと、結果舌根が力まない。

10－4　母音を言いながら「ん」を入れる

舌動かしの「うおうおうおうお」の母音変化を基にして、声帯振動のある「ｎ」の子音付加してゆく。「ｎ」は鼻腔共鳴の子音であるが声帯振動を伴っている。

やってみよう！38　音韻連続「ぬのぬのぬのぬの」

■手順

1．一音ずつうなるイメージで母音「うおうおうおうお」を言う。
2．母音を言いながら、舌面が硬口蓋に密着して離れる「ｎ」の子音を、声帯を鳴らしながら入れると「ぬのぬのぬのぬの」になる。

ここがポイント！

声帯を鳴らしながら、舌上面が硬口蓋に触れて離れるだけで「n」の子音になる。

先に声帯振動のある「ｎー」の舌面と硬口蓋とで弾きながら、あとから母音「う」と「お」を入れていっても良い。

10－5　母音を言いながら唇を弾く

やってみよう！39　音韻連続「まめまめまめまめ」

■手順

1．一音ずつうなるイメージで母音「あえあえあえあえ」を言う。
2．1をやりながら両唇を合わせて弾く「m」の子音を付加すると「まめまめまめまめ」になる。

声帯を鳴らす「nnnnn….」の状態から上下の口唇を合わせて弾く「m」を繰り返すと「まんまんまんまん」のように聞こえる。

「M」は鼻音で声が口に来ておらず主に鼻腔に響くが声帯振動はある。声帯振動させながら母音は口に来ている。声帯が鳴りながら上下の唇を柔らかく合わせて離すのが「m」の子音になり、母音が合体して音韻になってゆく。

10－6　うなりながら舌先弾き

やってみよう！40　音韻連続「られられられられ」

■手順

1．口を開け舌先を「ｒ」のように巻いて上げて前歯の後ろに付ける。
2．舌先を前歯の後ろに付けて上げたまま、喉頭を緩ませて口腔内に息を吐きながら「う」を言うつもりでうなる。
3．うなりながら舌先で前歯を押しながら離れたときに「あ」と言うと「la」に近くなる。

4．同じようにうなりつつ舌先で前歯を押しながら離しながら「え」と言うと「le」になり、連続して言うと「られられられられ」になる。

10－7　母音を言いながら息を入れる

やってみよう！41　音韻連続「へはへはへはへは」

■手順

1．喉頭を緩ませて一音ずつうなるイメージで「えあえあえあえあ」を言う。

2．「えあえあえあえあ」を言いながら、**舌面を下げずに声帯振動を保持させながらのど元に少しだけ息を入れて**「h」の子音を付け、「へはへはへはへは」にしてみる。

ここがポイント！

「h」は息を強く吐きすぎているとうまくいかない。**声帯をより鳴らしながら**本当に軽く、ほとんど息を吐かずに「h」を入れると丁度よい。

トピックス10 「理解されづらい症状と自覚的苦痛とのギャップ」

過緊張性発声障害の30代女性は、当教室に月2回コンスタントに約1年間通っている。来た当初は、全く有響性の無い声で、まさに絞りだすような発声で、本当に重度という印象であった。初期　の頃のレッスンでは、重度すぎて私もなすすべがないと思われるほどできることが限られたが、今は随分といろいろなことができるようになった。今は会話中も声帯振動がある肉声がかなりの割合でスムーズに聞かれるし、何より彼女自身がかなり改善したと喜んでいる。しかし最近、彼女はため息をつきながら私に、「調子よく声が出ていても、急に声質が変わったり、つっかえたり。きっと私は多重人格者って思われてるんですよね。」と言う。初対面の人との会話時など少し緊張すると、舌骨のロックが頻繁に入り込んで苦しそうな声に変化してしまうのだ。

「発声障害」という症状が他人から理解されづらいのは、声がつまっても途切れても声がつぶれたように変化してもまだ「声が出ている」からであろう。全く声が出せないならともかく、時々ある程度なめらかな時も聞かれるからである。「声出てるのになんで？」となるわけである。ゆえに「気持ちの問題」ととらえられやすい。生徒自身もそう思っていたりする。私たちはみな精神的緊張感を感じる時、自律神経の働きによって何かしら身体的な変化が大なり小なり現れる。鼓動がドキドキしたり、冷や汗をかいたり、知らず知らずのうちに肩に力が入っていたりする。それが発声器官である舌という筋や下顎の力みに置き換わりやすいと言う事なのである。私は生徒たちに、緊張することと舌が力むことは、切り離して考えるように、と告げている。「緊張していても舌は緩めることができる」と認識することが大事である。

20代男性会社員は、発表の場などで声がつまって声が小さくなってしまうと、上司から「腹から声を出せ！」と言われるという。「気合が足りない、やる気がない奴って思われるのがつらいです。」と彼は言う。理解されないもどかしさとやるせない気持ちをレッスン時の集中力に昇華している。

また普段ある程度はなめらかに発話できている人が、電話応対で症状が出たり出なかったりする軽度の人も職場などで本当は自分からもっと話したいのに声のことを考えるとやめてしまう、第一声目が出ない、うまく話せない、と先に考えるとやっぱり出ない、と言う。これでは予期不安的なネガティブ思考を自分で強めている。このようにして二次的に心理的な不安障害を形成してしまう。

これまで「発声障害」に陥ったことで好きだった仕事を辞めざるを得なくなり悔しい思いをしている人も沢山診てきた。そこで「自分はダメだ」と自分を全否定する必要はない。発声について自分の身体について「知らなかった」だけである。ただがむしゃらにやることから一歩引いて、舌や発声のことについて自分を客観的に理解することが必要なのである。

当教室に来る生徒達にも同じようにレッスンしていて改善できる人としない人がいる。改善できた人はまずこちらの言うことを頭で理解し、考えながら練習を行い、普段の生活で実践し、定期的に自分のペースでレッスン通い建設的に行動している。そして日々の生活シーンでうまくいったことを喜ぶ。改善できない人は「どうせ治らない」「やっぱりできない」というのが前提にある気がする。レッスン中も「できない」というフレーズが繰り返し口に出て、落ち着かず、こちらが進めたい段階が一向に進まない。「やっぱりできない」というネガティブ思考を強化するだけのレッスンで終わってしまうのである。

発声障害の改善にはこのような「考え方の癖」や「行動の仕方」が関与する。声帯がある限り、まだ声が出せる限り発声は変えられる。この本を手にした人は、一歩ポジティブに行動が踏み出せたのだから、あとは客観的に自分の身体をモデルにするつもりで建設的に行動してみよう。自分で考えて行動したことは必ず結果となって表れるのだから。普段の生活のシーンで、うまくできたことを数えるようにすること。たとえ、途中声がつまったとしても、自分の言った内容が相手に届いたらその事実を認め、成功体験を積み重ねていくことをお勧めする。

おわりに

私はレッスン開始から舌や喉頭、発声についての事について初めからずっと同じことを繰り返し繰り返し言っている。しかしはじめは、生徒たちは私の言っていることがほとんど理解できない。感覚的にも理解できない。目に見えて分かるくらいのマクロな動き、粗大な感覚に慣らされているからである。全力で頑張らせてきた力んだ発声器官は、「大きな力で動かすもの」になってしまっているのである。そして何回か、何か月後か経つとだんだんと私の言っていることが理解できるようになってくる。次第に身体内部の感覚や咽頭、喉頭の感覚、舌の感覚が分かるようになってくる。私は同じ事をずっと言い続けているのであるが。

レッスンの内容はかなり繊細なことである。初めてレイクラブのレッスンを見た人は、一体この人達は何をやっているのかときっと思うだろう。よく見る早いパッセージの音階練習や、大きな口で縦に横に開けてとか、お腹に手を充てて息を強く吐くとか、目で見て分かりやすい事を一切やっていないからである。舌は口の中で外からは見えない、脳の神経指令も身体の運動神経と違い、動きで見えるわけではない。しかし、身体内部の動きを、感覚を研ぎ澄ましながらやるのである。微細な感覚を要するレベルの小さいことを改善することが、発声改善の大きな鍵なのである。来校当初どんなに重い発声障害の症状がみられていても、レッスンを重ねるうち何か月か、半年後か、気付けば以前よりかなり自然な声になっていることを生徒と共に喜び合うことが、私の原動力である。

日々発声障害に悩む生徒たちと共にレッスンをしている中で感じるこ

とがある。「発声について生徒たちが私に教えてくれている」ということだ。数多くの臨床経験が積み重なり、発声の仕組みについてさらなる理解を与えてくれる。レッスンの中で試したメソッドが功を奏し効果を感じた時、全く太刀打ちできなかった悔しい時も、全てが糧となり、新たな臨床に生かされるのだ。時に生徒に言われることがある。「先生は発声障害ではないのに、何で発声障害のことが分かるのですか？のどの具体的な指示が何でそんなにできるのかがとても不思議です」と。これは数多くの臨床で培われた聴覚的判断で、生徒の身体内で起こっていることがおのずと解るのである。

発声障害を発症したことで、人よりも「自分の声の大切さ」、「声が出せることの素晴らしさ」に気付くことができる。声で言いたいことを表現できる喜びを再発見できる。これは辛い発声障害を受け入れ、乗り越えた人だけが分かることである。声帯があり、まだ声が出せる以上、発声機能はいつからでも改善できる。酷使した声帯をいたわりつつ、手術などで二次的に手を加えない以上、人間には元の状態に戻ろうとする自然治癒の力もあるので、発声器官に必要以上の力をかけなければ「発声器官の機能」は戻ってくることを信じてみよう。発声についての新しい視点、理解を深めるために、自分なりにこの本を役立ててほしい。

発声治療室レイクラブ代表　言語聴覚士

浅川礼子

著者プロフィール

浅川礼子

言語聴覚士、「発声治療室レイクラブ」代表ボイストレーナー。藤原歌劇団ソプラノ。'95「愛の妙薬」でプリマドンナを務めイタリア留学後オペラアリアやミュージカル等演奏活動を行う傍ら2001年より声優、俳優、歌手等の「発声の基礎」を指導開始。医療国家資格「言語聴覚士」免許取得後、行政の認知症予防事業や介護施設等での活動を経て「発声障害の改善メソッド」の開発に精力的に取り組み、現在医学的視点と豊富なボイストレーナーの経験とを活かして発声改善専門の「治療的ボイストレーニング」を提供している。発声障害の改善を求める人々が全国からレッスンに通っている。

●ご意見・ご質問
「発声治療室レイクラブ」公式ホームページ　http://www.reivoitre.jp
内のメールのみ承ります。

痙攣性発声障害（けいれんせいはっせいしょうがい）のためのボイストレーニング
〜一人で出来る「舌根弛緩止気発声法（ぜっこんしかんしきはっせいほう）®」〜

2018年12月25日　初版発行

著　者　浅川礼子
定　価　本体価格 3,000円＋税
発行所　株式会社　三恵社
〒462-0056 愛知県名古屋市北区中丸町 2-24-1
TEL 052-915-5211　FAX 052-915-5019
URL http://www.sankeisha.com

ISBN 978-4-86487-981-1 C2040 ¥3000E